ኒውተናዊ ሥነ
እንቅስቃሴ

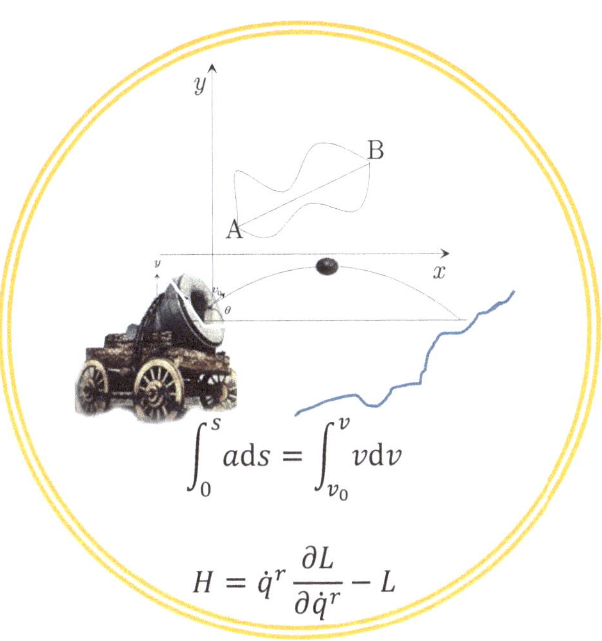

ሰው ሁን!

አንተነህ ብሩ

ይዘት

መቅድም

ጸሐፊው

በወሎ ክፍለ ሀገር በምትገኝ ጠበል አፋፍ በምትባል አነስተኛ መንደር ውስጥ በ፲፱፻፸፰ ድልክ ተወለድሁ። አስኳላ ትምህርት ከመግባቴ በፊት ፊደልን በመጀመሪያ በቤት በኅላም በአካባቢው በሚገኝ መሪጌታ ዘንድ ተምሬያለሁ። የአንደኛ ደረጃ ትምህርቴን ደቡብ ወሎ ውስጥ በሚገኘው በቦረን አንደኛ ደረጃ ትምህርት ቤት አጠናቅቄያለሁ። ፯ኛ እና ፰ኛ ክፍልን በወረኢሉ አንደኛ እና መለስተኛ ሁለተኛ ደረጃ ትምህርት ቤት ፤ ፱ኛ እና ፲ኛ ክፍልን በወረኢሉ ከፍተኛ ደረጃ ትምህርት ቤት ተከታትያለሁ። የቀረውን በጎንደር ፋሲለደስ ትምህርት ቤት አጠናቅቄ የአሥራ ሁለተኛ ክፍልን የመልቀቂያ ፈታና በ፲፱፻፺፬ ተፈትኜ ከጅማ ዩኒቨርሲቲ የሲቪል ምህንድስና በ፲፱፻፺፯ ድልክ የመጀመሪያ ደረጃ ማዓርግ ተቀብያለሁ። በጅማ ዩኒቨርሲቲ የሲቪል ምህንድስና የትምህርት ክፍል ባስተማሪነት እና የዩኒቨርሲቲውን የምህንድስና ክፍል በማደራጀት ፤ የምክር አገልግሎት በመስጠት ፤ የ0ቅድ ማውጣት ፤ የቦታና የሕንጻ ግመታ ሥራን ወዘተ እየሠራሁ ለሁለት ዓመታት ቆይቻለሁ። በ፪፻፪ ድልክ ባገኘሁት የውጭ የትምህርት ዕድል በኔዘርላንድ ፤ ደልፍት ዩኒቨርሲቲ

በመሬት ምህንድስና (ጅኦቴክኒካል ምህንድስና) የሁለተኛ ደረጃ መዓርግ አጠናቅቄያለሁ። ላጭር ጊዜ በኔዘርላንድ ፕላክሲስ በሚባል የሶፍትዌር አበልጻጊ መሥሪያ ቤት ውስጥ ሠርቻለሁ። ከ፲፱፻፺ - ፲፱፻፺ድልክ በኖርወይ ፤ በኖርወያውያን የሳይንስ እና ቴክኖሎጂ ዩኒቨርሲቲ (ከፍተኛ መካነ ትምህርት) በመሬት ምህንድስና ለሦስተኛ ደረጃ መዓርግ የሚያበቃ የምርምር ሥራ ሠርቻለሁ። በአሁኑ ጊዜ በኖርወይ ፤ በመሃንዲስነት እየሠራሁ እገኛለሁ።

የመነሳሻ ሐሳብ

ይኸን ፤ ከዚህ በፊት የታተሙትን እና ከዚህ አስከትዬ የማሳትማቸውን አጫጭር መጻሕፍት እንድጽፍ ያነሳሱኝ ብዙ ምክንያቶች ናቸው። ከነዚህም ውስጥ አንደኛው ምክንያት በአንድ ኮንፈረንስ ላይ ባቀረብኩት የምርምር ሥራ ምክንያት የኮንፈረሱ አዘጋጆች በሽልማት መልክ የዮክሊድን መጽሐፍ አበረከቱልኝ። ዮክሊድ ከክርስቶስ ልደት በፊት ጥቂት ምኢት ዓመታት ቀደም ብሎ የነበረ ሰው ነበር። ሥራው በብዙ ቋንቋዎች እንደተተረገም ተረዳሁ። መጽሐፉ ከተደረሰበት ዘመን አንጻር ፤ እኔስ እንዴት መጽሐፉ በግእዝ ተተርጉሞ አላገኘነውም የሚል ሐሳብ አደረብኝ[1] ምናልባት በአንዱ አውዳሚ ጦርነት ተቃጥሎ ሊሆን ይችል ይሆን ስለ አሰብኩ። አሁንም ቢሆን ቋንቋን

---

[1] ቀደምት (የዘመነ ግእዝ) ሊቃውንት ብዙ መጻሕፍትን ይጽፉ እና ይተረጉሙም ነበር ፤ ለዚህ ምስክር በሀገራችን እና ከሀገር ውጭ የሚገኙ ብዙ በግእዝ የተጻፉ መጻሕፍት ናቸው።

ከማዳበር አንጻር ይዘቱ ተተርጉም ቢቀርብ መልካም ነው ብዬ አሰብኩ።

ሁለተኛ ኢትዮጵያውያን ሕፃናት በመቅረጸ ትዕይንት እየቀረቡ አንዳንድ የሥነፈለክ ዝርዝሮችን ሲወያዩ ዐየሁ። እኒህ ልጆች በዚህ ዕድሜያቸው ይህን ያህል ፍላጎት ካደረባቸው ፣ ለጊዜው መርጎግብር ማሟያ ከሚሆኑ ፣ በተለያዩ ግብአቶች ቢወጠሩ ለሀገራቸው በተለያዩ የትምህርት ዘርፍ ብዙ ሊያበረክቱ ይችሉ ነበር ስለ አሰብሁ[2]።

በሦስተኛ ደረጃ የአማርኛ ቋንቋ የሀገራችንን ማንበረሰባት የሚያስተሳስር ድር ነው። ይህ ቋንቋ በሚገባው እንዲያድግ በተለያዩ የትምሕርት ዘርፎች የተሰማሩ ምሁራን የየመስካቸውን ዕውቀት ቢተረጉሙ መልካም ነው ብዬ አስብሁ። ለዚህም የዐቅሜን ለማበርከት ሐሳብ አደረብኝ።

ታሪክ ፣ ሥነ ቁስ ፣ ሒሳብ እና ፍልስፍና ባገኘሁት አጋጣሚ የማጠናቸው ዘርፎች ናቸው። ከ8 ዓመታት በፊት የአንጻራዊነትን ንድፈ ሐሳብ ለማጥናት እና በአማርኛ ለመጻፍ ወሰንኩ። የመጀመሪያ ደረጃ የዋጥ አንጻራዊነት ንድፈ ሐሳብን ባጭር ጊዜ አጠንቸ ባማርኛ ጸፍኩት። ነገር ግን አንዳንድ ቃላትን ስተረጉማቸው ድንገተኛ ሆኑብኝ።

---

[2]ለወላጆች ፣ ልጆቻችሁ በተለያዩ የትምሕርት ዘርፎች ነበዝ እንደሆነ ስታዩ ፣ እያበረታታችሁ አንድ ደረጃ ከፍ ያለ ፊቲን አቅርቡላቸው እንጅ ለከንቱ ውዳሴ አደባባይ አታውጧቸው። የሚናገሩትን ነገር በዐይነ ኅሊናቸው በውል እንዲመለከቱ ጊዜ እና ብስለት ያስፈልጋቸዋል።

ስለዚህ መሰረታዊ የሒሳብ አስተምህሮዎችንም ለመጨመር ወሰንኩ። ሂደቱ ከዚህ ቀድመው የታተሙትን

- ሥነቁጥር ወ ሥነሥፋራ ዘዮክሊድ
- የቅምሮች እና የቀስቶ ሥፍሮች ሥነ-ስሌት

በዚች መጽሐፍ የቀረበውን

- **ነውተናዊ ሥነእንቅስቃሴ**

እና በተከታይ የማቀርባቸውን

- የፕላኔቶች ጉዞ እና የነውተን የስበት ንድፈ ሐሳብ
- የብርሃን መንገድ

አስገኘ።

የአማርኛ ቋንቋ

ኢትዮጵያ በብዙ ቋንቋዎች የታደለች ሀገር ናት። አብዛኞቹ የንግግር ቋንቋዎች ናቸው። በጣም ጥቂቶች የጽሐፍ ዘርፍም አላቸው። ከነዚህ አንዱ እና ብዙ ተናጋሪ ያለው አማርኛ ነው።

የአማርኛ ቋንቋን አነሳስ እና እድገት በተመለከተ ሦስት መላምቶች ይገኛሉ። አንደኛ ፤ የአማርኛ ቋንቋ ከግእዝ ጋር በትይዩነት የነበረ ፤ በዘመነ አኩስም ይነገር የነበረ ቋንቋ ነው

ይላሉ። ለዚህም እንደ ማስረጃነት አንዳንድ የአኩስም ነገሥታት ስያሜን ያቀርባሉ[3]።

አንዳንድ ጸሐፍት ደግሞ «የአማርኛ ቋንቋ የተለያየ ቋንቋ ተናጋሪ ከነበሩ ማኅበረሰባት የተወጣጡ ወታደሮች ተዳቅሎ የተበለጸገ ቋንቋ ነው» ይሉናል። ይኸ ታሪካዊ ክስተት መቺ እንደሆነ ለነገሩም ማስረጃ ስለመኖሩ ርግጠኛ አይደለሁም።

በሌሎች ደግሞ አማርኛ የንቱሣውያን ቋንቋ እንደነበርና አፈ ንቱሥ ይባልም እንደነበረ ይነገራል።

ቋንቋው በሀገሪቱ ከሚገኙ የተለያዩ ቋንቋዎች ቃላትን በመጠቀም እንደበለጸገ መረዳት ይቻላል። በቋንቋው የሚገኙ ብዙ ቃላት ፤ በተለያዩ የሀገራችን ሌሎች ቋንቋዎችም ይገኛሉ። በዘመነ አኵስም እና ዛጉ (ዘአገዌ) የመንግሥት እና የሥነ-ጽሑፍ ቋንቋ የነበረው ግእዝ ነበር። አማርኛ በንግግር ቋንቋነት ብቻ ለዘመናት ቆይቶ ፤ ከ13ኛው መቶ ከፍለ ዘመን ጀምሮ የግእዝ ፊደላትን በመዋስና በግእዝ ቋንቋ የሌሉ የአማርኛ ድምጾችን የሚወክሉ ፊደላትን በመቅረጽ የጽሑፍ ቋንቋ መሆን ጀምሯል[4]። ለምሳሌ ለዐዬ አምደ ጽዮን በአማርኛ የተጻፉ ግጥሞች ነበሩ[5]።

በተለይም ከዐዬ ቴዎድሮስ ፪ኛ ዘመነ መንግሥት ጀምሮ በግእዝ ይጻፉ የነበሩ ዜና መዋዕሎች እና የቤተ ክህነት

[3] ለምሳሌ ጉም (708–732) ፤ አስጎምጉም (732–737) ፤ ለትም (732–737) ፤ ውድም አስፈሬ (802–832)።
[4] ጥናት ያስፈልገዋል።
[5] https//am.wikipedia.org/wiki/የወታደሮች_መዝሙር

ትምህርቶች በአማርኛ መጽፍ በመጀመሩ የአማርኛ ቋንቋን ሥነ-ጽሑፋዊ ዘርፍ መስፋፋት ላይ አስተዋጽኦ አድርገዋል። የአጤ ቴዎድሮስ ዜና መዋዕል ፤ መጽሐፈ ጨዋታ ፤ ጌወግራፊያ[6] ከነዚህ ጥቂቶቹ ናቸው። ከዚያ በኋላ በርካታ መጻሕፍት ባማርኛ ታትመዋል። ከነዚህ ብዙውን እጅ የሚይዙት የልብ-ወለድ መጻሕፍት ናቸው። የሃይማኖት መጻሕፍት እና የፖለቲካና አስተዳደር መጻሕፍትም እንደዚሁ በመለስተኛ መጠን አሉ። በአማርኛ ቋንቋ የተጻፉ የሳይንስ እና የሥነዘዴ (ቴክኖሎጂ) መጻሕፍት ግን እጅግ ውሱን ናቸው። በተለይም ሒሳብ ነክ የሆኑት የሳይንስ ዘርፎች እዚህ ግባ የሚባል ቁጥር የላቸውም። እነዚህ ዘርፎች የሚፈልጓቸውን ቃላት በቋንቋው ለማስገባት በተለይም በመጀመሪያ የትምህርት ደረጃ ውሱን የሆነ ጥረት ቢደረግም ቅሉ ከመማሪያ መጻሕፍት ውስጥ ያለፈ ለሳይንሳዊ ግኝቶች እና ምህንድስናዊ ዕውቀቶች ተግባራዊ ግልጋሎት ማሳለጫነት ሲውሉ አይታይም። እስከአሁን ያለው በአማርኛ የመተርጎም እና የመመርመር ሥራ ውሱን ነው። ይኸም በመሆኑ ዘመናዊ የዕውቀት ዘርፎች በአማርኛም ሆነ በሌሎች የሀገራችን ቋንቋ ተተርጉመው አይገኙም። በተለይም የአማርኛ ቋንቋ ብዙ የሀገራችን ማኅበረሰቦችን የማስተሳሰሪያ ድልድይ እንደመሆኑ መጠን

<hr>

[6]የቴዎድሮስን ዜና መዋዕል የጻፈው አለቃ ዘነብ ፤ መጽሐፈ ጨዋታ ሥጋዊ ወመንፈሳዊ የተሰኘ ፍልስፍና እና ሃይማኖትን ባንድ ላይ የያዘ መጽሐፍን ባማርኛ ጽፏል። በዚሁ ወቅት ጌወግራፊያ (ሥፍረ ምድር) የተሰኘ መጽሐፍም ቻርለስ ዊሊያም ኢዘንበርግ በተባለ እንግሊዛዊ ሚስዮን ባማርኛ ተጽፎ ታትሟል።

በዚህ ዘመን ሊያድግ የሚገባውን ያህል አላደገም። ለዚህም አራት ዐበይት ምክንያቶችን መጥቀስ ይቻላል።

- የዘመናችን ሥነ-አስተዳደር ፣ ለቋንቋ ያለው ዕይታ የተዛባ በመሆኑ በአማርኛ ቋንቋ የዕድገት ሂደት ላይ አሉታዊ ተጽእኖ ማሳደሩ።

- በቋንቋው የምርምር ሥራን የማቅረብ ተነሳሽነት በምሁራኑ ዘንድ ደካማ መሆኑ።

- የቋንቋውን ብልጽጋ የሚከታተሉ ተቋሞች አለመኖራቸው።

- በዘመናችን የሳይንሳዊ ምርምር ውጤቶች የሚቀርቡት በአብዛኛው በእንግሊዝኛ በመሆኑ ፣ የእንግሊዝኛ ቋንቋ እንደ ብቸኛ የሳይንስ ቋንቋ ተደርጎ በመወሰዱ[7]።

አማርኛ ቋንቋን የዘመኑን የሰው ልጅ የዕውቀት ዘርፎች ለመግለጽ የሚያስችል እንዲሆን የምርምር ሥራዎች በቋንቋው መቅረብ ይኖርባቸዋል። ለዚህም ተስማሚ የሆኑ ቃላትን ለማበልጸግ የተለያዩ ዘዴዎችን ልንጠቀም

---

[7] ይኸ አስተሳሰብ በተለይ የእንግሊዝኛ ተናጋሪ ያልሆኑ እና ከቋንቋው ባህል ጋር ቅርበት የሌለውን ማኅበረሰብ የሥነዘዴዎች ተጠቃሚ እንዳይሆን ፣ የዕውቀቱ ባለቤት እንዳይሆን የሚያደርግ ነው። በተቀባዩ ዘንድ ያለው ዕውቀት ጥራዝ ነጠቅ ፣ ሽርፍራፊ እና ግልብ እንዲሆን አስተዋጽአ ያደርጋል። ዕውቀቱንም ማኅበረሰቡን በሚጠቅም ሁኔታ እንዳያበለጽገው የሚያደርግ ነው። የሚተላለፈውን ዕውቀት ባግባቡ የሚረዱ ተረድተውም ለማኅበረሰቡ ፋይዳ ባለው መልኩ የሚያቀርቡ ምሁራንን ለማፍራትም ያስቸግራል ። ቋንቋ የሰው ልጅ የባሕርይ ችሎታ ቢሆንም ቅሉ የቋንቋ ብልፅጋው ግን ባካባቢው ባህልና ሥነ-ልቦና እየታሽ ነው። አንድ ሌላ ቋንቋ የማኅበረሰቡ ባህልና ሥነ-ልቦና በብልፅጋው ያልተጋራው ከሆነ በቋንቋው ፍሬያማ መማባባትን ለማድረግ አስቸጋሪ ይሆናል።

እንችላለን። ለምሳሌ ፣ በቁንቁው የማይገኙ ቃላትን ከሌላ ቋንቋ ቀጥታ በመዋስ ፣ ቃላቱን በገጠር የልሳን አወጣጥ በመለወጥ ፣ በተቀራራቢ ቃላት በመተካት ፣ የተለያዩ ስልቶችን መጠቀም አዲስ ቃል በመፍጠር (የተሻለ ነው ተብሎ ከታሰበ።) ሀገራችንም የብዙ ቋንቋዎች ባለቤት በመሆኗ ፣ በአንዱ ቋንቋ ያልተገኘው በሌላ ቋንቋ ሊገኝ ይችላል።

"ለምን ያንኑ የእንግሊዝኛውን ቃል አንጠቀምም? ይህን ማድረግ ጥቅም የለሽ ሥራ ነው ፣ ጊዜ ማባከን ነው" የሚሉ ይኖራሉ። ከላይ ሲታይ ይመስላል። በእውነትም አንድን ቃል ባልተለመደበት መስክ መጠቀም ግር የሚያሰኝ ሊሆን ይችላል። ቃሉን ለመልመድ የሚያስፈልገው የልምምድ ጊዜም እንደዚሁ ብዙ ሊሆን ይችላል። ቆም ብለን ስናስበው ግን ብዙ አወንታዊ ነን እንዳለው ለመረዳት አያድግትም። ለመጥቀስ ያህል

- ሰው በሚገባ በሰለጠነበት ቋንቋ ሲማር ፣ ሲነገር ፣ ሲታደም ፣ የሚተላለፈውን መልዕክት በውል ለመረዳት ፣ ዕውቀቱን ለማገንዘብ የሚያደርገውን ጥረት ሂደት በእጅጉ የሚያግዝ ሆኖ እናገኘዋለን። ዋናው ቄም ነገር አንድ ነገር **ሀ** ወይም **ለ** ተብሎ መሰየሙ ሳይሆን ፣ ስያሜውን ስንሰማ በአእምሯችን ውስጥ የሚተላለፈው መልዕክት እና የሐሳብ ሥዕል ነው። አንድ ነገር ወይም ሁነት ቃል ስንወክልለት ፣ የተወከለው ቃል ጋር

የተያያዘው ምስል ምን እንደሆነ በምሳሌ ልናስረዳ እንችላለን። ምሳሌውን ወይም ገለጻውን ደግሞ ተደራሹ አብልጦ በሚረዳው ቋንቋ ከማድረግ በላይ የተሻለ መንገድ ያለ አይመስለኝም።

- የአማርኛ ቋንቋን አቅም ከማሳሳፋት አንጻር የሚፈጥረው ተጽእኖ አለ የማይባል ነው[8]።

- ለትምሕርት አሰጣጡ አጋዥ ይሆናል። ተማሪው የቀሰመውን ትምህርት ማጎበራዊ ችግሮችን ለመፍታት እንዲያውለው በሚያስችለው መንገድ እንዲሆን ሊያግዝ ይችላል።

- በአማርኛ ቋንቋ የሚጻፉ የሳይንስ እና የሥነዘዴ መጻሕፍት ፤ የየዘርፎቹን ርባና ለማንጠር ጠቃሚ የሆኑትን ለመጠቀም እና ተግባራዊ ብልጸጋቸውን ለማሳለጥ አጋዥ ሊሆኑ ይችላሉ። ብሎም ምሁሩ ከተርታው ሰው የሚግባባበት እና የተማረውን ወደ ሥራ የሚቀይርበት ፤ መረዳቱን ከሐሳብ ከበብ ወደ

<hr>

[8] አንድን ዕውቀት በእንግሊዝኛ የቀሰመ ምሁር ፤ ከሁነቱ ወይም ነገሩ ጋር ያያዘው ቃል በመኖሩ ፤ ለዚያ ቃል አዲስ ወይም ሌላ ነገርን ለመጠቀም አይዋተለትም። ነገሩ ከልምድ ጋር የተያያዘ ነው።
በዘመናችን እንግሊዝኛ ዋና የሳይንስ መግባቢያ ቋንቋ እየሆነ ስለመጣ ፤ በዚህ ቋንቋ የሚደረጉ ጥናቶችን ፤ የምርምር ውጤቶችን መማር ፤ ማሳተም የሚበረታታ ነው። ነገር ግን አንድ ኢትዮጵያዊ ተመራማሪ የምርምሩን ውጤት ፤ ሐሳቡን ለሀገሩ ብዝኃ ተደራሲ በራሱ ቋንቋ ለመግለጽ መቻል ይገባዋል። ያንን ለማድረግ የቋንቋው አቅም መዳበር አለበት። ለቋንቋው መዳበር ደግሞ ትብቃን ግብአት የሚሰጠው አዳዲስ ግኝቶችን ለመግለጽ ሲወጠር ነው።

ገሀዱ ዓለም የሚያሽጋግርበት የቋንቋ ድልድይ
በበቂ እንዲዳብር አጋዥ ሊሆኑ ይችላሉ።

በዚህ መጽሐፍ

በዚህ መጽሐፍ ልሙድ ሥነ-እንቅስቃሴን ወይም ኒውተናዊ ሥነ-እንቅስቃሴ የሚባለውን ቀንጭበን እንመለከታለን። መጽሐፉ አራት ምዕራፎች አሉት። በመጀመሪያው ምዕራፍ በቦታ እና በጊዜ ላይ በተለያዩ አሳብያን የተደረጉ ሐተታዎች ቀርበዋል። በሁለተኛው ምዕራፍ እስከ ኒውተን ዘመን የነበረውን ሐተታ እንቅስቃሴ ባጭሩ ቀርቧል ፤ ምዕራፉ የኒውተንን ሦስት መሰረታዊ የእንቅስቃሴ ሕግጋት ድንጋጌዎችን በማቅረብ ይቋጫል። ምዕራፍ ሦስት የልሙድ ሥነ እንቅስቃሴን ሒሳባዊ ሐተታ ያቀርባል ፤ በምዕራፉ አስፈላጊ ብይኖች ፤ የእንቅስቃሴ ዐይነቶች እና ሒሳባዊ ስሌቶቻቸው ባጭሩ ቀርበዋል። የመጨረሻው ምዕራፍ የኒውተንን የእንቅስቃሴ ሕግጋት በአመች ቅርጽ ለማስቀመጥ ከኒውተን በኋላ የተበለጸጉትን ላግራንጋዊ እና ሐሚልተናዊ አቀራረቦችን ውልብታ ይዘል። መልካም ንባብ።

ምዕራፍ ፩: ቦታ እና ጊዜ

እንቅስቃሴ የነገሮች ከአንድ ሥፍራ ወደ ሌላ ሥፍራ መንቀሳቀስ ከአንድ መነሻ ቦታ የመራቅ ወደ ሌላ ቦታ የመቅረብ አንጻራዊ የሆነ የሥፍራ ለውጥ ማድረግ ነው። ይህ የሥፍራ ለውጥ የሚከወነው በጊዜ ነው። ሥለዚህ ስለ እንቅስቃሴ የምናደርገው ሐተታ ቦታን እና ጊዜን አጣምሮ የሚይዝ ነው። አስከትለን ስለ ቦታ እና ስለጊዜ የተደረጉ ቀደምት ሐተታዎችን ቀንጭበን እንመልከት።

ሀዋ እና ሥፍራ (ቦታ)

ቋንቋችንን ስንፈትሽ *space* የሚለው የእንግሊዝኛ ቃል ሀዋ ወይም *ጠፈር* ተብሎ ተተርጉሞ እናገኘዋለን። በቁስ አካላት የተያዘን ሀዋ ለመግለጽ የእንግሊዝኛው አግባባዊ ቃል place ነው። ነገር ግን place በ space ማዕቀፍ ያለ እንጅ የተለየ ነገር አይደለም። እነዚህ ሁለት ቃላት አንዱ የአንዱ የአንዱ ተለዋጭ ቢሆኑም ቅሉ ፤ በዚህ መጽሐፍ ሀዋ እና ሥፍራ (ቦታ) እንደቅደም ተከተላቸው *space* እና *place* የሚሉትን

የእንግሊዝኛ ቃላት ይወክላሉ። ተከትሎም ሀዋ ፤ መሆኛ ፤ ዝርጊ ተብሎ ሲበየን ፤ ሥፍራ ደግሞ ፤ አንድን ነገር የያዘ ሀዋ ተብሎ ይበየናል። ሥፍራ በሀዋ ማዕቀፍ ውስጥ ይሆናል።

ቀደምት ሐተታ እንቅስቃሴን ስንዳሥስ ፤ የሀዋን ፤ ሥፍራን (ቦታን) ምንነት ለመበየን የወጠኑ ቀደምት ፈላስፎች ፤

የሐሳብያን ፤ የቁስ እና ቁሳዊ ነፋሳትን ተመራማሪዎችን እናገኛለን። ህዋ ምንድነው? በራሱ የሆነ መሰረታዊ ተጨባጭ አካል ነውን? ከሰው ልጅ አእምሮ የሚመነጭ ነው? ውስን ነውን ወይስ ወሰን የለሽ (ገደብ የለሽ) ነው? የሚሉት ጥያቄዎች ብዙ መላምት ተሰጥቶባቸዋል። ቢሆንም ግን ጥያቄዎቹ የመጨጨ መፍትሔ የተገኘላቸው አይመስሉም። አሁንም ቢሆን የተለያዩ ሐተታችዎች ይቀርባሉ። እስኪ ጥቂቶችን በማስከተል እንመልከት።

አሪስጣጣሊስ

ስለ ህዋ ፤ ሥፍራ (ቦታ) ካተቱ ቀደምት ፈላስፋዎች ፕላቶ እና አሪስጣጣሊስ ናቸው (አሪስጣጣሊስ, 384–322 ዓዓ ፤ ፲፬፻፵፬ ዓም የታተመ)። እንደ ፕላቶ ቁስና ህዋ የተለያዩ ነገሮች አይደለም ፤ ሁለቱም ይዘተ ቁስን የሚመራ የኪነ ህዋ መገለጦች ናቸው። ሁለቱም ህዋ በሕገ መሆን በተለያየ ሁኔታ የሚገለጥባቸው ቅርጾች [ሁነቶች] ናቸው። አሪስጣጣሊስ ህዋ ርዝመት ፤ ጥልቀት ፤ ወርድ ያለው አውታረ-፫ መሆኑን ያትታል። በህዋ ምንነት ላይ ግን ከፕላቶ ሐሳብ ጋር ይሚገታል። እንደ አሪስጣጣሊስ ህዋ ራሱን የቻለ ነገር ነው።

እንዲሁም የአሪስጣጣሊስን ሐተታ ስንመለከት ህዋ እና ሥፍራን በተቀያያሪነት እንደሚጠቀማቸው እናያለን። ምናልባትም ለአሪስጣጣሊስ በሁለቱ መካከል ልዩነት የለም።

በሥፍራ ላይ ባደረገው ሐተታ ላይ ፤ የወይን ማስሮ ማሰሮም ወይንም እንደማይሆን ሁሉ ፤ ወይኑም ማሰሮም

ወይንም እንደማይሆን ሁሉ ቁስ እና ሥፍራም አንድ አይደሉም ፤ ቅርጽ እና ሥፍራም እንዲሁ። ታዲያ ሥፍራ ምንድነው? ለሚለው ጥያቄ የሚከተሉትን ፬ ነጥቦች ይዘረዝራል።

> ፩) ሥፍራ በሥፍራው ያለውን ነገር (ቁስ) የያዘ ነው።
>
> ፪) ሥፍራ የነገሩ (የቁሱ) ክፍለ አካል አይደለም።
>
> ፫) የነገሩ (የቁሱ) የቅርብ ሥፍራ ከነገሩ አይበልጥም ፤ አያንስምም።
>
> ፬) ነገሩ (ቁሱ) ሥፍራውን ትቶ መሄድ ይችላል እናም [ሥፍራ ከነገሩ] መለየት የሚችል ነው።

እነዚህን መሥፈርቶች የሚያሟላ ምንድነው? አሪስጣጠሊስ ሥፍራ ሊሆናቸው የሚችላቸው አራት እጩ ነገሮች ብቻ አሉ ካለ በኋላ የሚከተሉትን ይዘረዝራል

> ፩) ቅርጽ
>
> ፪) ቁስ
>
> ፫) በአንድ አካል ዳርቻ መካከል የሆነ ድባብ
>
> ፬) የአንድ አካል ዳርቻ።

አሪስጣጣሊስ ከነዚህ ውስጥ ፤ ህዋ የአንድ አካል ዳርቻ ነው በማለት ይህን ብያኔ ለማስረዳት ይቀጥላል። «... አንድም

ቁስና ቅርጽ አብረውት ያሉ በመሆናቸው ምክንያት ፤ በሌላም በኩል የአንድ አካል ፍልሰት በነባሬ መያዣ ውስጥ ስለሚካሄድ ፤ ከሚንቀሳቀሱት አካላት ውጭ የሆነ ክፍተት ሊኖር የሚችል የሚመስል ስለሚሆን ሥፍራ አስፈላጊና ለመረዳትም የሚከብድ እንደሆነ ይታሰባል። መያዣው

ተንቀሳቃሽ ሥፍራ ሲሆን ሥፍራ የማይንቀሳቀስ መያዣ ነው። ስለዚህ በአንድ በሚንቀሳቀስ ነገር ውስጥ ያለ አካል [ራሱ] ሲንቀሳቀስና [ቦታ] ሲለዋውጥ ፤ ልክ በወንዝ ላይ እንዳለች ታንኳ ፤ ያጉፉ [ቦታ] እንደ ህዋ ከመሆን ይልቅ እንደ ታንኳው አካል ይሆናል። በሌላ በኩል ግን ህዋ አይንቀሳቀሴ ነው። ስለዚህ ህዋ ወንዙ ሙሉ በሙሉ ነው ፤ ምክንያቱም [ወንዙ] ... አይንቀሳቀሴ ነው።» ... የ[አንድ]

ነገር ሥፍራ ፤ ነገሩን የያዘው ህዋ የውስጠኛ ክልል ነው። በወቅቱም አቶምያውያን (atomists) ፤ ዓለም ሁለት ዋና ሁነትን የያዘ ነው ፤ እነህም ባዶ ህዋና (void) መሰረታዊ ቅንጣቶች (atoms) ይሉ ነበር። አሪስጣጣሊስ ይዘት የለሽ ህዋ (አልቦ ነገር) የለም ሲል «ነገር ሁሉ በህዋ እንደሆነ

ሁሉ ምልአተ ህዋው ነገር አለው» ይላል[9]።

በማብራራትም «ከጠፈር (ሁለንታ ፤ ዓለምዓለማት) ውጭ ህዋ የለም ፤ ከሁለንታው ውጭ ምንም የለም ፤ ዓለም በሌላ ነገር ውስጥ የሚኖር አይደለም ፤ ከስማያት ውጭ (አልፎ) እውነታ የለም ምክንያቱም አልቦነት መሆን አይደለም።» ለአቶምያውኑ አልቦ (ባዶ) የሚሉት ገደብ የለሽ ነው። እንደ አሪስጣጣሊስ ግን ምድር የሁለንታው ማዕከል ናት[10]

───────────────

[9] ዜኖ ሥፍራን በተመለከት የሚከተለውን ተግዳሮት አስቀምጦ ነበር። ሁሉም ነገር በሥፍራ ከሆነ ሥፍራም ራሱ ሥፍራ አለው ማለት ነው ፤ የሥፍራው ሥፍራም እንዲሁ እያለ ያለማቋረጥ ይቀጥላል። ይኽ ዘበት ነው።

[10] ከቡድ ነገሮች ወደ ምድር መውደቃቸው ለአሪስጣጣሊስ ምድር የሁለንታው ማዕከል መሆኗን ማረጋገጫ ነው።

፤ ገደብ የለሽ[11] ነገር ደግሞ ማዕከል የለውም። ስለዚህ ሁለንታው ገደብ የለሽ አይደለም ፤ ይህ መሆን የሚችለው ፤ የሁለንታው ዳርቻ ክብ ከሆነ ነው። ስለዚህ ጠፈር ሉላዊ (spherical) ነው።

የአሪስጣጣሊስ ትንተና ፤ ህዋን እና ሥፍራን እያደባለቀ በመሆኑ ለተደራሲው ግራ የሚያጋባ ሊሆን ይችላል። ቢሆንም ግን የህዋን ውስንነት እና ሉላዊ መሆን ፤ ሥፍራ በአንድ ወንዝ ላይ ያለች ታንኳ ያረፈችበትን የውኃ ክፍል ዐይነት (ቀያዊ) ሲሆን ፤ ህዋ ታንኳዋን እንደ ያዘው ሙሉው ወንዝ ነገርን ሁሉ የያዘው ጠፈር ነው። እንዲሁም ሥፍራ እና ቁስ የተልያዩ ናቸው እንጅ ፕላቶ እንደሚለው አንድ አይደሉም የሚል ነው።

ዴስካርተስ

ዴስካርተስ በአውሮጳ ለዘመናዊ ፍልስፍና የማዕዘን ድንጋይ ያስቀመጠ ፈላስፋ ነበር። የፍልስፍና መርሆች (principia philosophiae) በተሰኘው መጽሐፉ (ዴስካርተስ, 1ኜየሣ0) ስለ ህዋ እና ስለ ሥፍራ የተወሰነ ሐተታ አድርጓል።

እንደ ዴስካርተስ **በህዋና በሥፍራ መካከል ቢያንስ ጠንካራ የአጽንኦት ልዩነት አለ**። "ሥፍራን የምንጠቀመው በዋነኛነት አቀማመጥን ለማመልከት ሲሆን ፤ ህዋን የምንጠቀመው ደግሞ መጠንና ቅርጽን አጽንኦት ስንሰጥ ነው። በተጨማሪም ሥፍራን ወደ ውስጣዊ ሥፍራና ውጫዊ ሥፍራ ከፍሎ ማየት ይቻላል። **በህዋና በውስጣዊ ሥፍራ**

---

[11] የሁለንታውን ገደብ የለሽ አለመሆን ለማጠየቅ አሪ
የመከራከሪያ ነጥቦችን አንስቷል።

መካከል እውን የሆነ ልዩነት የለም። ቄሱን የያዘው የርዝመት ፤ ወርድና የጥልቀት ሥፍር (ዝርጊ) ልክ በሀዋው እንደተያዘው ቄስ ርዝመት ፤ ወርድና ጥልቀት ነው። ይህን ሥፍር (ዝርጊ) እንደ ቄስ አካል ስናሰበው ፤ ቄሱ ሲንቀሳቀስ የሚንቀሳቀስ ልዩ ነገር አድርገን እንቆጥረዋለን። ይህንኑ ዝርጊ የሀዋ አካል እንደሆነ አድርገን ስናሰበው ፤ እንደ ሀዋ እንቆጥረዋለን ፤ ለዝርጊው የዘምድና አንድነት ብቻ እንሰጠዋለን ፤ ማለትም እንደ አንድ ወጥ ነገር አንመለከተውም ፤ በመጀመሪያ ለአንድ ነገር እንደሚውሉ ጸባያት ዝርዝር ፤ ቀጥሎም ለሌላው እንደሚውሉ [ጸባያት ዝርዝር] እናሰበዋለን እንጇ። **ልዩነቱ እኛ የምንረዳበት መንገድ ላይ ብቻ ነው**። ጠጠር ከጠረጴዛ ላይ ወደ ወለሉ ቢወድቅ ፩) ዝርጊውም [ነገሩን የያዘው ቦታ] ከጠረጴዛው ወደ ወለሉ እንደወደቀ እናስባለን ፪) እንደዚሁም ግን በጠረጴዛው ላይ ያለው የሀዋ ዝርጊ ፤ አሁን በሌላ አካል በእንጨት ፤ ወይም በውኃ ፤ ወይም በአየር ፤ ወይም ባዶ ነው ቢባልም እንኳ ፤ እዚያው መሆኑንና አለመለወጡን እናስባለን" በማለት ያትታል።

የፕላቶን ሐሳብ በሚደግፍ መልኩ **በቄስና በሀዋ መካከል እውነተኛ መለያየት የለም** ይላል። ዴስካርተስ ይህን ኃይለ ቃል ለማስረዳት የተጠቀመው የመከራከሪያ ምሳሌ ሲጠቃለል በስሜት ሕዋሶቻችን የምንረዳውን የቄስ ጸባያት ብናልፍ (if we transcend) በቄሱና ቄሱን በያዘው ሀዋ

መካከል ልዩነት የለም ፤ በውስጣዊ ሥፍራና በውስጡ በተያዘው ቁስ መካከልም ልዩነት የሚል ነው::

ስለ *ውጫዊ ሥፍራ* ምንነትም እንደሚከተለው ያትታል:: የጠጠሩ መቀመጫና ፤ የጠጠሩ ህዋ የሚሎት ገለጻዎች ጠጠሩን የሚመለከት ነው:: ጠጠሩን የሚመለከቱት ግን በመጠኑ ፤ በቅርጹና ከሌሎች አይንቀሳቀሱም ብለን ከምናስባቸው አካላት አንጻር ባለው አቀማመጥ ነው:: ... በሚጓዝ ታንኳ ውስጥ ተረጋግቶ የተቀመጠን ሰው ውሰድ:: ከታንኳዋ አንጻር አቀማመጡ አይለወጥም ፤ ነገር ግን ካቅራቢያው ወደብ አንጻር ያለማቋረጥ ቦታውን እየለዋወጠ ነው:: ውስጣዊ ሥፍራ ህዋ ሲሆን ውጫዊ ሥፍራ ቁስ አካሉን የሚከበው ገጽ ነው:: ዴስካርተስ ገጽ ያለው የቁስ አካሉን ክፍል ሳይሆን የተያዘው አካል ከያዘው ህዋ ጋር የሚሠራውን ድንበር ነው::

ዲስካርተስ እንደ አሪስጣጣሊስ አንዳች የለሽ ህዋ (void) የለም ሲል ከአሪስጣጣሊስ በተቃረኒ ግን የቁስ ዓለም [ስለዚህም ህዋ] ያለወሰን የተዘረጋ ገደብ የለሽ ነው ፤ ጠፈር ዳርቻ የለሽ ነው ይላል::

ኒውተን

ኒውተን ህዋን ፍጹምና አንጻራዊ በማለት ይከፍለዋል (ኒውተን, 1687):: እንደ ኒውተን ብያኔ ፍጹም ህዋ ምንም ውጫዊ ነገር ሳያስፈልገው ፤ በራሱ ተፈጥሮ ያለ ፤ ሁልጊዜም አንድ ዐይነትና የማይንቀሳቀስ ነው:: ማለትም ለውጥ የሌለበት መድረክ ነው:: አንጻራዊ ህዋ ግን የፍጹም ህዋ ተንቀሳቃሽ ክፍል ህዋ ሲሆን የስሜት ሕዋሶቻችን የቁስ

አካላትን አቀማመጥ መሰረት በማድረግ የሚወስኑት ነው። ሥፍራ የቁስ አካል የሆነ ፤ እንደ ፍጹም ህዋ ወይም አንጻራዊ ህዋ ነው።

ላይብኒዝ

በዚሁ በ፲፯ኛው መቶ ክፍለ ዘመን የኒውተንን የፍጹም ህዋ ብያኔ የሞገተ የጀርመናዊው የዘርፈ ብዙ ዕውቀት ባለቤት እና ፈላስፋ የጎትፍራይድ ላይብኒዝ ሐሳብ ህዋ በነገሮች የአቀማመጥ የሚወሰን የሕብረ ሁነት ሥርዓት ነው ስለዚህም አንጻራዊ የሆነ እንጅ ፍጹም አይደለም የሚል ነው (Leibniz, 1962)።

ካንት

በ፲፰ኛው ክፍለ ዘመን የነበረው ጀርመናዊ ፈላስፋ ኢማኑኤል ካንትም በህዋ ላይ ሐተታ ካቀረቡት ግለሰቦች አንዱ ነው። ካንት Critique of Pure Reason (ካንት, ፲፯፻፹፮) በተሰኘው መጽሐፉ ላይ እንደሚያትተው «ህዋ በሰው አእምሮ ቀዳሚ (apriori) የሆነ የልቡና ዕውቀት (intuition) ነው። ማለትም ቅድመ ዕይታ በኛ ውስጥ ያለ ነገር እንጅ አጋዛዊ (empirical) አይደለም። የነገሮችም ንብረት አይደለም ፤ የነገሮችን የርስበርስ ዝምድናም የሚያመለክት አይደለም። ማለትም ከነገሮች ጋር የተያያዘ አይደለም። ተጨባጭ ሳይሆን ህሊናዊ ነው።» ስለዚህም እንደ ካንት ሐሳብ «ስለህዋ መናገር የምንችለው ከሰው ልጅ አንጻር ብቻ ነው።»

ጊዜ

ጊዜ የሁነቶችን ትርክት ቅደም ተከተል የምንዘግብበት ልኬት ነው። በጊዜ ቀንና ሌሊት ይፈራረቃሉ ፤ ዕለታት ወራትን ፤ ወቅቶችን ዓመታትን ያዋቅራሉ። በጊዜ መወለድ ፤ መብቀል ፤ ማደግ ፤ መሞት ፤ መበስበስ ፤ መውጣት መውረድ ፤ መሞቅ ፤ መቀዝቀዝ አለ። ባጠቃላይ የማይገታ ለውጥ አለ። ነገር ሁሉ በጊዜ ይለወጣል። ጊዜን ለመለካት የሚደጋገሙ ሂደቶችን እንፈልጋለን። ምድር በፀሐይ ዙሪያ የምታደርገው መዞር እና በዛቢያዋ ላይ የምታደርገው ሹረት ፤ የጨረቃ ኡደት ፤ የወቅቶች መፈራረቅ ፤ የኮዋኮዋ ድግግሞሽ እና እነዚህን የመሳሰሉትን። የተኘውም የሚርገበገብ ነገር የመርገብገብ ሂደቱ የማይወላውል ከሆነ ለጊዜ መለኪያነት ሊውል ይችላል። የዓለማችን እጅግ ትክክል የሆነው ሰዓት የሲሲየም አተምን ተፈጥሮዋዊ መርገብገብ የሚጠቀም ሰዓት ነው። ጊዜን የቱንም ያህል በትክክል መለካት ግን የጊዜን ምንነት አይነግረንም። ነገረ ጊዜ መረዳት ፈላስፎችን እና የፊዚካ ተመራማሪዎችን የፈተነ እና ወጥ ስምምነት ያልተደረሰበት ነው። እስኪ ጥቂቶቹን ሐተታዎች እንመልከት።

አሪስጣጣሊስ

አሪስጣጣሊስ ፤ ጊዜ እንደ ቁጥር ሁሉ አንጻራዊ ተከታታይ የተርታ ሥርዓት ያለው ነው የሚል ሐሳብ ነበረው (አሪስጣጣሊስ, 384–322 ዓዓ ፤ ቊየቌ፬ ዓም የታተመ)። እንደዚሁም ፤ "የአሁን ጊዜ መከፋፈል አይችልም ፤ በአሁን ጊዜም ምንም እንቅስቃሴ የለም ... ዕረፍትም የለም" የሚል

ድምዳሜ ላይ ደርሶ ነበር። ወደ ድምዳሜው ያደረሰው የሥነምግት ጥለት እንደሚከተለው ነው።

- አሁንን መከፋፈል ከቻልን ፤ የተወሰነው አላፈ ፤ የተወሰነው የወደፊት ይሆናል ፤ በመካከል አዲስ አሁን ይፈጠራል ፤ እንደዚሁ ይኸንንም የአሁን ጊዜ መከፋፈል ከቻልንም ፤ የሆነው ክፍል አላፈ የሆነው ክፍል ደግሞ የወደፊት እያለ ያለማቋረጥ ስለሚቀጥል ፤ <u>አሁን</u> የምንለውን የማይከፋፈል የጊዜ አሃድ የያዘ መሆን አለበት።

- እንደዚሁም ፤ አሁን ላይ እንቅስቃሴ ቢኖር ፤ ፈጣንም ፤ ዘገምተኛም እንቅስቃሴ አሁን ላይ ይኖራሉ። ፈጣኑ አንድን ርቀት በሆነ የአሁን ጊዜ ቢያቋርጥ ፤ ዘገምተኛው ደግሞ ይኸንኑ ርቀት ለማቋረጥ የበለጠ የአሁን ጊዜ ይወስድበታል። በመሆኑም የአሁን ጊዜ መከፋፈል የሚችል ይሆናል። ነገር ግን እንደማይከፋፈል ቀድመን አሳይተናል ስለዚህ ለምንም ነገር በአሁን ጊዜ ላይ መንቀሳቀስ የማይቻል ነው።

- ምንም ነገርም በአሁን ላይ ዕሩፍ አይሆንም ምክንያቱም ... ምንም ነገር በአሁን ጊዜ የመንቀሳቀስ ሂደት ላይ ካልሆነ ፤ በማረፍም ላይ ሊሆን አይችልም። አንድ ነገርንም ዕሩፍ ነው ስንል ነገሩ በወጥነት ቀድሞ እንደነበረው ነው ማለታችን ነው። ነገር ግን በአሁን ጊዜ ቀድሞ የሚኖባል የለም። ስለዚህም ዕሩፍነት በውስጡ የለም። በእንቅስቃሴ

ላይ ያለ ነገር ለመንቀሳቀስ ፤ በዕረፍትም ላይ ያለ
ነገር ለማረፍ የጊዜ ቆይታን ይወስዳሉና፡፡

- የአንድን ቁስ አካል ሁነት በተመለከተ አላፊውን
ከመጭው የሚከፍለው ነጥብ ሁሌም የመጭው
ጊዜ አካል ይሆናል ካላልን በስተቀር ነገሩ በአንድ
ጊዜ ያለም የሌለም ይሆናል፡፡ ነገሩ በሆነበት ጊዜ
የሌለ ነው ወደሚል ተጻሮታዊ (paradoxical)
ድምዳሜ ያደርሳል፡፡ ነጥቡ የሁለቱም የጊዜ
ከፍሎች አካል መሆኑ እውን ነው - የአላፊውም
ጊዜ የመጭውም ጊዜ - በተጨባጭ አንድ እና
አንድ ዐይነት ቢሆንም በጽንስ ሐሳብ ደረጃ ግን
እንዲህ አይደለም፡፡ የአላፊው ጊዜ መጨረሻ ፤
የመጭው ጊዜ መጀመሪያ ነው፡፡ ነገር ግን ቁስ
አካሉን እስካሰብን ድረስ ፤ በመጭው ጊዜ ነገሩ
ላይ የሚሆነውን ሁኔታ የሚወስን በመሆኑ ፤
የመጭው ጊዜ ንብረት ነው፡፡ አለበለዚያ ፤ ነገሩ
በአለ ጊዜ የሌለ ሲሆን በሌለ ጊዜ ደግሞ ያለ
ይሆናል ፤ ማለትም ነገሩ በአንድ ጊዜ ያለም
የሌለም ነው ወደሚል ተጻራሪ ድምዳሜ ላይ
ያደርሳል፡፡

ሱርያ ሲድሃንታ

ቀደምት የሕንድም ሊቃውንትም "ሱርያ ሲድሃንታ"
በተሰኘው የሥነፈለክ መጽሐፋቸው ውስጥ "ጊዜ ሁለት
ዐይነት ነው፡፡" ሲሉ ይደመድማሉ (Sengupta, 1935)፡፡
"የመጀመሪያው ሁሉንም ፤ ሕያውንም ፤ በድኑንም

የሚያሳልፍ ነው። ሁለተኛው ደግሞ መታወቅ የሚችል
ነው። ይኸም (ሁለተኛው ዐይነት) በሁለት ይከፈላል።
አንደኛው ሙርታ (አማናዊ ፤ የሚለካ) ይባላል ፤ ሁለተኛው
ደግሞ አሙርታ (ኢአማናዊ ፤ ተጨባጭ ያልሆነ ፤
በትንሽነቱ ምክንያት ወይም እጅግ ትልቅ በመሆኑ ምክንያት
የማይለካ) ይባላል ይላሉ።

ዴስካርተስ

ሬኔ ዴስካርተስ (ዴስካርተስ, 𝟏𝟓𝟗𝟔-𝟏𝟔𝟓𝟎) የቦይታን እና የጊዜን
ባሕርያዊ ልዩነት አጽንኦት በመስጠት ፤ ቦይታ በነገሮች
ውስጥ ያለ [ባሕሪያዊ] እንደሆነና ጊዜ ደግሞ ሓሳባዊ ውቅር
እንደሆነ አትቷል።

ኒውተን

ኒውተን ጊዜን ፍጹም እና አንጻራዊ ብሎ ይከፍለዋል
(ኒውተን, 𝟏𝟔𝟒𝟑-𝟏𝟕𝟐𝟕)። እንደ ኒውተን ፍጹም ፤ እውነተኛ እና
ሒሳባዊ ጊዜ የራሱና ከራሱ ተፈጥሮ በርጋታ ፤ ምንም
ውጫዊ ነገር ሳያስፈልገው የሚፈስ በሌላ አጠራሩም ቦይታ
የሚባል ነው። አንጻራዊ እና የተለምዶ ጊዜ ውጫዊ
እንቅስቃሴን በመጠቀም የሚደረግ የቦይታ ልኬት ነው።
ለምሳሌ እንደ ሰዓት ፤ ወር ፤ ዓመት። የኒውተን ሓሳብ
ከዴስካርተስ ሓሳብ ብዙ የራቀ አይመስልም።

ካንት

ኢማኑኤል ካንት በሀዋ እንደሰጠው ሓተታ እንደዚሁ
በጊዜም ላይ አድርጓል (ካንት, 𝟏𝟕𝟐𝟒-𝟏𝟖𝟎𝟒)። እንደ ካንት ጊዜም
እንደ ሀዋ አጎዛዊ (ከልምድ የሚገኝ) አይደለም። ጊዜን

ቀዳሚ መሰረት ያላደረገ በጋራ መሆንም ሆነ መቀዳደምን
ማሰብ አንችልም። ጊዜ በልቡና የሚታወቅ እና ባሕርያዊ
ነው። (ባሕርያዊ ነገር በሥነሞገት አይደረሰም)

ሥነ-ግለት

የሥነ-ግለት አስተምህሮ ፤ በተለይም ሁለተኛው የሥነ-
ግለት ሕግ ፤ ጊዜ ወደፊት የሚፈስ እንጂ ወደኋላ የሚመለስ
አይደለም ፤ ምክንያቱም ነገር ሁሉ ከስድርነት ወደ ዝንቅነት
፤ ከመገንባት ወደ መፍረስ የሚሄድ ነው ፤ በተቃራኒው ግን
ከመፍረስ ወደ መገንባት ፤ ከመሰበር ወደ መጠገን ሲሄድ
አናይም። ስለዚህም ጊዜ ወደፊት የተቀሰተ ነው ወደሚል
ድምዳሜ ያደርሳል ይላል።

አንስታይን (በአንጻራዊነት ንድፈ ሐሳብ)

ዘመናዊ የሥነእንቅስቃሴ ንድፈ ሐሳብ (የአንጻራዊነት ንድፈ
ሐሳብ) ደግሞ በቀደሙት ሊቃውንት ዘንድ የታሰበቸው
ፍጽምት ጊዜ ወይም ቆይታ የለችም ፤ ፍጹም ህዋም የለም
፤ ጊዜ ከህዋ ጋር የተሸመነ ፤ ከሦስት የህዋ አውታራት ጋር
አራተኛ በመሆን ያለመነጠል የሚፈስ ሂደት ነው ሲል
ይደመድማል። ጊዜ እና ህዋ የማይነጣጠሉ ከመሆናቸው
አንጻር ስለ መቺ እና ስለ የት በተናጠል ማተት አይቻልም
፤ ስለመቸት (መቺ የት) እንጂ ይላል (Einstein, 1905;
Minkowski, 1909)። ይልቁንም ጊዜ አንጻራዊና የዋቢ
ሥርዓቱ ቶሎታ ከብርሃን ቶሎታ አንጻር ባለው መጠን
የሚወሰን ይሆናል። በብርሃን ፍጥነት የሚንቀሳቀሱ ነገሮች
ግን (መጠነ ቁስ አልባ መሆን አለባቸው) ጊዜ አልቦ ናቸው
ይላል።

ምዕራፍ ፪: ሥነ-እንቅስቃሴ እስከ ኒውተን

እንቅስቃሴ የነገሮች ሥፍራ የመቀያየር ሁኔታ ሲሆን ሥነ-እንቅስቃሴ የነገሮችን የእንቅስቃሴ መርጎ የሚያጠና የፊዚካ ዘርፍ ነው። እንቅስቃሴ የሰው ልጅ ካሰበባቸው የተፈጥሮ ሁኔታዎች አንዱ ነው።

በዚህ ምዕራፍ የምንመለከተው ሥነ-እንቅስቃሴ በተለምዶ ኒውተናዊ ሥነ-እንቅስቃሴ የሚባለውን ነው። የኒውተን የሥነ-እንቅስቃሴ ሕጎች ላይ ከመድረሳችን በፊት ፥ ኒውተን ያስተጻመራቸውን ቀደምት የሥነ-እንቅስቃሴ ቅመራዎችን እንመለከታለን። ኒውተን ባንድ ወቅት ለተፎካካሪው ለሮበርት ሁክ እስከዚህ ማየት የቻልኩት በታላላቆች ተከሻ ላይ በመቆሜ ነው የሚል ዓረፍተ ነገርን የያዘ ደብዳቤ ልኮለት ነበር። በእርግጥ ሮበርት ሁክን ጨምሮ ብዙዎች ኒውተን ለደረሰበት ፥ በጥንቃቄ ላስተጻመራቸው የእንቅስቃሴ ሕጎች አበርክተዋል። ለኒውተን ምልከታ ትከሻቸውን ካቀኑ ሊቃውንት እና ሐታቲዎች ጥቂቶቹን እንመለከታለን።

ቅድመ ኒውተን

ሁለት የፍልስፍና ጽንፎች

ቀደምት የሥነ-እንቅስቃሴ ሐተታዎች ወደ ፍልስፍና ያመዘኑ ነበሩ። በቀደምት የግሪክ የፍልስፍና ትምህርት ቤቶች ሁለት ተቃራኒ ጽንፍ የረገጡ አስተሳሰቦች ነበሩ። አንዱ እንቅስቃሴ የሚመስለን እንጅ በእውን የሚሆን አይደለም ሲል ሌላው እንቅስቃሴ በሁሉም የሰፈነ ነው ፤ በነገሮች ሥርዓት ውስጥ ዕረፍት የለም ይላል (አሪስጣጣሊስ, 384–322 ዓዓ ፤ ፲ህየ፹0 ዓም የታተመ)።

የኢላው ፓርሜኒደስ ተፈጥሮ አንድና ልውጠት የለሽ ናት ፤ እውን እንቅስቃሴም የለም የሚል ፍልስፍና ያቀነቅን ነበር። ተከትሎም እንቅስቃሴ የሚባል ነገር በስሜት ሕዋሳችን የሚፈጠር ምትሃት እንጅ እውን የሆነ አይደለም የሚል አስተምህሮ ነበረው። ዕረፍት ጭራሹንም የለም ከሚሉት ወገን የሆነው ሄራክሊቶስ የተባለው የግሪክ ፈላስፋ ተፈጥሮ ሁሉ ያለ ዕረፍት ፤ ያለ ፋታ የሆነ የለውጥ አዙሪት "ይህ ነው ያ ነው ወይም እንደዚህ ነው" የማንልበት ነው ፤ ቁሳዊ ተፈጥሮ በተከታታይ ለውጥ/ፍሰት ላይ ያለ ነው ይል ነበር። ለውጥ ከአንድ ሁነት ወደሌላ ሁነት በጊዜ ፍኖት ላይ የሚደረግ ሽግግር በመሆኑ እንቅስቃሴን ያካትታል።

ሄራክሊቶሳዊያን (ሄራክሊቶስ እና ተከታዮቹ) አንድነት እና ዕረፍት የለም ሲሉ ፤ ኤሊያቲኮች (ፓርሜኒደስእና ተከታዮቹ) የተፈጥሮ ብዛትን እና እንቅስቃሴ የለም ይሉ ነበር። በዚህ ረገድ ርስበርሳቸው የሚያስማማቸው የጋራ ነገር አልነበረም።

የዜኖ እንቆቅልሾች

የእንቅስቃሴ የለም ጽንፍ አቀንቃኝ እና የፓርመኒደስ ተማሪ የነበረው ፤ የኢላው ዜኖ (፬፻፷-፬፻፴ ቅልክ) የመምህሩን የፓርመኒደስን ሐሳብ ለማስረገጥ የተለያዩ ዘመን ተሻጋሪ የሆኑ እንቆቅልሾችን አቅርቦ ነበር። በተለምዶ የዜኖ እንቆቅልሾች (Zeno's paradoxes) በመባል ይታወቃሉ። ፈዚካ በተሰኘው መጽሐፉ አሪስጣጣሊስ ከነመከራከሪያ ሐሳቡ ከሚያስነብበን ውስጥ ሦስቱ የሚከተሉት ናቸው (አሪስጣጣሊስ, 384–322 ዓዓ ፤ ፲፱፻፸፬ ዓም የታተመ)።

እንቆቅልሽ ፩: በእንቅስቃሴ ላይ ያለ ነገር ዐላማው ጋር ከመድረሱ በፊት የርቀቱን ግማሽ መጓዝ አለበት። ግማሹን ከመጓዙ አስቀድሞ ፤ የግማሹን ግማሽ ፤ የግማሹን ግማሽ ከመጓዙ አስቀድሞ የግማሹን የግማሽ ግማሽ ፤ እያለ ይቀጥላል። የትየለሌ ግማሽ-ግማሽ ከፍልፋዮች በመኖራቸው ፤ ርቀቱን ጨርሶ መጓዝ አይቻልም። ስለዚህም እንቅስቃሴ የለም።

እንቆቅልሽ ፪: በሩጫ ውድድር እጅግ ፈጣን የሆነው ተከታይ እጅግ ዘገምተኛ የሆነውን ቀዳሚ በፍጹም አይደርስበትም ምክንያቱም ተከታዩ ተወዳዳሪ ቀዳሚው ተወዳዳሪ የጀመረበት ቦታ ሲደርስ ፤ ቀዳሚው የተወሰነ ርቀት ስለሚጓዝ ሁሌም ቢሆን ዘገምተኛው በውድድሩ የመሪነት ቦታውን ይይዛል።

እጅግ ፈጣኑ ኢትዮጵያዊ አትሌት ኃይሌ ግብረሥላሴ ከኤሊ ጋር ሩጫ ውድድር ይገጠም። ኤሊ ዘገምተኛ ስለሆነ የተወሰነ ርቀት ቀድሞ እንዲጀምር ይሁን። የዜና ክርክር እንደሚከተለው ነው፦

- ኃይሌ ኤሊው ላይ ለመድረስ የትየለሌ የርቀት ክፍፍሎችን መጓዝ አለበት።
- ኃይሌ የትየለሌ ክፍልፋዮችን ሊጓዝ አይችልም።
- ስለዚህ ኃይሌ ኤሊውን ሊያልፈው አይችልም።

የክርክሩ መደምደሚያ የትኛውም በመምራት ላይ ያለ ሊደረስበት አይችልም የሚል ሲሆን በመርን ደረጃ ከመጀመሪያው ብዙ የሚለይ አይደለም ፤ ልዩነቱ ርቀቱ እንደመጀመሪያው በግማሽ በግማሽ አለመከፋፈሉ ብቻ እንጂ ርቀትን ወደ ወሰን የለሽ ክፍልፋዮች የመከፋፈል መከራከሪያ ነው።

እንቆቅልሽ ፫: ባየር ላይ ያለ ቀስት ዕሩፍ **(እንቅስቃሴ አልባ ነው) ነው።** የትኛውም ነገር አንድ ወይነት ቦታ ሲይዝ ዕሩፍ ከሆነ በእንቅስቃሴ ላይ ያለ የትኛውም ነገር በየትኛውም ቅጽበት እንደዚሁ ቦታ እየያዘ ከሆነ ፤ ባየር ላይ ያለ ቀስትም ዕሩፍ ነው።

- በእያንዳንዱ ቆይታ የለሽ (duration-less) ጊዜ ቀስቱ ወዳለበትም አይንቀሳቀስም ምክንያቱም አስቀድሞም እዚያው ነውና ፤ ወደ ሌላ ቦታም አይሄድም ምክንያቱም ወደ ሌላ ቦታ የሚሄድበት

ጊዜ የለምና። በሌላ አባባልም በያንዳንዱ ኢምነት ጊዜ ቀስቱ እንቅስቃሴ አልባ ነው።

- ጊዜ የኢምነት ቅጽበቶች ጥርቅም (composition) ነው።

- ስለዚህም እንቅስቃሴ አይቻልም።

የዜኖ እንቆቅልሾች ብዙ የፍልስፍና እና የስሌት ሂደቶች እንዲበለጽጉ አድርገዋል። ብዙ ፈላስፎች ሐሳብ ስጥተውባቸዋል ፤ ነቅፈዋቸዋል ፤ በሕገ አመክንዮም ወጥረዋቸዋል። ለምሳሌ የሲኖፑ ድዮግነስ ምንም ሳይናገር ከተቀመጠበት ተነስቶ በመሄድ በድርጊት የዜኖን ክርክር ሐስትነት አሳይቷል ይባላል።

የአሪስጣጣሊስ ሥነ-እንቅስቃሴ

ብዙ ቀደምት ፈላስፎች ፤ መቀላቀልን ፤ መለያየትን ፤ የባሕርይ ለውጥን ፤ መጨመርን ፤ መቀነስን በእንቅስቃሴ ውስጥ በማካተት ሐተታቸውን ያደረጉ ሲሆን ፤ አሪስጣጣሊስ ግን እንቅስቃሴን ከቦታ አንጻር የሚደረግን የለውጥ ሂደት ነው በማለት ግልጽ ብያኔ ያስቀምጣል (አሪስጣጣሊስ, 384–322 ዓዓ ፤ ፲፻፪፻፸፬ ዓም የታተመ)።

አሪስጣጣሊስ በዜኖ እንቆቅልሾች ላይ ያደረገው ሙግት

አሪስጣጣሊስ የዜኖን እንቆቅልሾች ለመፍታትም የተለያዩ የመከራከሪያ አመክንዮዎችን አቅርቧል። በጽሞና ልብ ካልን ፤ ዜኖ ርቀትን ለየትየለሌ መከፋፈል እንደሚቻል (ከእንቆቅልሹ እንደምንረዳው) ይቀበላል። ስለዚህ

በሁለት ነጥቦች መካከል ያለ ርቀት የማያቋርጥ[12] (continous) ነዉ ብሎ ይቀበላል ማለት ነዉ። ይኸንን ይሁንታ አሪስጣጣሊስም በክርክሩ ዉስጥ ይጠቀምዋል።

የአሪስጣጣሊስ የመከራከሪያ ነጥቦች

፭) "በሁለት ነጥቦች መካከል ያለዉን ርቀት ወደ የተየለሌ መከፋፈል እንደምንችለዉ ሁሉ ርቀቱን ለማካለል የሚወስደዉንም ጊዜ እንዲሁ መከፋፈል እንችላለን። ስለዚህ ለአንድ ነገር የተየለሌ ከፍልፋዮችን በዉሱን ጊዜ ማለፍ አይቻለዉም የሚለዉ የዜና መከራከሪያ የሐሰት መነሻዉን የያዘ ነዉ። ጊዜ እና ርዝመት (ርቀት) የተየለሌ የሚባሉበት

- አንደኛዉ የማያቋርጥ (continuous) ስለሆኑ ወደ የተየለሌ ከፍልፋዮች መከፋፈል ስለሚችሉ ነዉ።

- ሁለተኛዉ ደግሞ ዳርቻዎቻቸዉ ገደብ የለሽ ሲሆኑ ነዉ።

አንድ ነገር በመጠን ገደብ የለሽ የሆነ ርቀትን ማለፍ (ሙሉ በሙሉ መዝዝ) አይችልም ነገር ግን አይወሱን ከፍፍል ሊደረግባቸዉ የሚችልን ነገሮች ማለፍ ይችላል። ነገሩ አይወሱን የርቀት ከፍፍሎችን ማለፍ የሚችለዉ ፤ በአይወሱን[13] የጊዜ ከፍፍሎች እንጅ በዉሱን የጊዜ

---

[12] አንድ ሂደት ቀጣያዊ የሚባለዉ ሳይቋረጥና ፤ ድንገተኛ ለዉጥ ሳያደርግ ከአንድ ሁነት ወደሌላ ሁነት ፤ ከአንድ ቦታ ወደ ሌላ ቦታ የሚጓዝ ከሆነ ነዉ።

[13] ዉሱን (finite) አይወሱን (infinite)

ክፍፍሎች አይደለም። ... በአይውሱን (ወሰን አልባ) የርቀት ክፍልፋዮች ላይ የሚደረግ ማለፍ በውሱን የጊዜ ክፍልፋዮች እንደማይሆን ሁሉ ፤ ውሱን የርቀት ክፍልፋዮችንም ለማለፍ በአይውሱን የጊዜ ክፍልፋዮች አይሆንም።"

፪) አሪስጣጣሊስ ጥልቀት ያለው መከራከሪያ ብሎ የሚያቀርበው የሚከተለውን ነው።

- አንድ የማያቋርጥ (continuous) ርቀት በድርጊትም ሆነ በሐሳብ ወደ ሁለት ግማሽ ርቀቶች ሲከፈል በመካከል ያለውን አንድ ነጥብ ፤ የመጀመሪያው ግማሽ መጨረሻና ፤ የሁለተኛው ግማሽ መጀመሪያ ተደርጎ እየተወሰደ ነው። በዚሁ መንገድ ክፍፍሉ የሚፈጸም ከሆነ ርቀትም ሆነ እንቅስቃሴ የማያቋርጥ አይሆኑም። እንቅስቃሴ የማያቋርጥ ከሆነ ዝምድናውም ከየማያቋርጥ ልኬት ጋር ነው። ምንም እንኳን የማያቋርጥ የሆነ ነገር የተየለሌ ክፍልፋዮችን ቢይዝም ዕምቅ ክፍልፋዮች (potential halves) እንጅ እውን ክፍልፋዮች (actual halves) አይደሉም ክፍልፋዮቹ እውን ክፍልፋዮች ከሆኑ እንቅስቃሴው የማያቋርጥ ሳይሆን (እንደ ነጠብጣብ) ተቆራራጭ (intermittent) እንቅስቃሴ ነው።

የአሪስጣጣሊስ ሐተታ እንቅስቃሴ

እንቅስቃሴው የማያቋርጥ የሆነ የትኛውም ነገር በጉዞው ላይ የትኛውም ነጥብ ላይ ሲደርስ ቀድሞ ከጉዞው የሚያደናቅፈው ነገር እስከሌለ ድረስ ወደ መድረሻ ነጥቡ በመንገዝ ሂደት ላይ ነው። ማለትም ከ A ተነስቶ B ላይ ቢደርስ ፤ ጉዞውን ከጀመረበት ጊዜ ጀምሮ ወደ B በመንገዝ ሂደት ላይ ነበር።

አንድ ነገር ሁለት ተቃረኒ እንቅስቃሴዎችን ባንድ ጊዜ ሊተገብር አይችልም። ለምሳሌ ከ A ተነስቶ ወደ G የሚሄድ አንድ ነገር ከ G ወደ A በአብር ጊዜ አይንዝም። ከ A ወደ G ጉዞው ከ G ወደ A ጉዞው ጋር አብሮ መሆን ስለማይችል ፤ ከ A ወደ G ጉዞ ከ G ወደ A ነዞ ጋር አብሮ መሆን ካለበት ወደ A ከመመለሱ በፊት G ላይ ዕረፍት ማድረግ አለበት። ይኸ ዐይነት እንቅስቃሴ የማያቋርጥ እንቅስቃሴ አይደለም።

በሌላ ሁኔታ ግን በከብ መሠመር ላይ በሚደረግ እንቅስቃሴ የማያቋርጥነትን እናገኛለን። ከ A ተነስቶ በከብ ላይ የሚንዝ ወደ A የመመለስ ጉዞንም በአብሮነት ያካሄዳል። [ጉዞው ግን ተቃራኒ አይሆንም።] ከአንድ ነጥብ ወጥቶ ወደዚሁ ነጥቡ የመመለስ ጉዞ ተቃራኒ የሚሆነው ሁለቱ ጉዞዎች በአንድ ቀጥታ መሠመር ላይ የሆኑ እንደሆኑ ብቻ ነው። በግማሽ ከብ ወይም በከፍለ ከብ ላይ የሚደረግ ጉዞ ግን የማያቋርጥ እንቅስቃሴ አይሆንም ምክንያቱም መነሻውና መድረሻው አንድ ዐይነት ነጥብ ላይ አያርፍም። በከብ ግን ያርፋል ፤ ስለዚህ በከብ ላይ የሚደረግ እንቅስቃሴ ብቻኛው ፍጹም

እንከን የለሽ (perfect) የሆነ እንቅስቃሴ ነው፡፡ ተከትሎም ከሹረታዊ እንቅስቃሴ በስተቀር የማያቋርጥ እንቅስቃሴን ማድረግ የሚያስችል ሌላ ዐይነት እንቅስቃሴ የለም፡፡ ስለዚህም ጥንተ እንቅስቃሴ (primary motion) ክባዊ (circular) ነው፡፡ የትኛውም እንቅስቃሴ ሹረታዊ (rotatory)፣ ቀጥታ ሂያጅ (rectalinear) ወይም የሁለቱ ቅይጥ ነው፡፡ ሹረታዊ እንቅስቃሴ ከሁለቱ ተቀዳሚው መሆን አለበት፡፡ ሹረታዊ እንቅስቃሴ ዘለዓለማዊ መሆን ይችላል ፤ ሌላ ዐይነት እንቅስቃሴ ግን ዘለዓለማዊ መሆን አይችልም፡፡ ምክንያቱም ከዚህ ውጭ ባለት ሁሉ ዕረፍት የግድ ነው፡፡ በዕረፍት ደግሞ እንቅስቃሴ ይቋጫል፡፡ በተጨማሪም ውስን ቀጥታ መሥመር መነሻና መድረሻ አለው እንደዚሁም የመካከል ነጥቦች አሉት ፤ እንቅስቃሴው ጉዞውን ጀመረ ጉዞውንም ጨረሰ የሚባሉበት ነጥቦች አሉት፡፡ በሹረታዊ እንቅስቃሴ ግን እንዲህ ዐይነት መነሻና መድረሻ የለም፡፡ ለምንስ አንዱ ነጥብ መነሻ ሌላውስ መድረሻ ይሆናል? አንዱ ነጥብ መነሻ ፤መካከል ወይም መድረሻ ሊሆን እንደሚችል ሁሉ የትኛውም ሌላ ነጥብም እንዲሁ መሆን ይቻለዋል፡፡ (የሹረታዊው ማዕከል በአብሮነት በእንቅስቃሴም በዕረፍትም ላይ ነው፡፡) እንደዚሁም ሹረታዊ እንቅስቃሴ ጥንተ እንቅስቃሴ በመሆኑ የሌሎች ሁሉ እንቅስቃሴዎች መለኪያ አሃድ ነው፡፡ በነገሮች የቀጥታ ጉዞ ፤ ጉዞውን ሲጀምሩ መነሻቸው ወጥ አይደለም ፤ ወደ መድረሻቸውም ሲቃረቡ እንዲሁ ወጥ አይደለም፡፡ በሌላ መልኩ ግን ሹረታዊ እንቅስቃሴ በተፈጥሮው መነሻና መድረሻ የሌለው ብቸኛ የእንቅስቃሴ ዐይነት ነው፡፡

የአሪስጣጣሊስ መደምደሚያ፦

- ሁሌም እንቅስቃሴ ነበር ፤ ለዘለዓለም እንቅስቃሴ ይኖራል፦
- ሹረታዊ (rotational) እንቅስቃሴ ቀዳሚው እንቅስቃሴ ነው፦
- ያለ እንቅስቃሴ የሆነ ተቀዳሚ አንቀሳቃሽ (prime mover) አለ፦

ዴስካርተስ

"ስለ እንቅስቃሴ ስጽፍ ፤ ከቦታ ቦታ ስለሚደረግ መንዝ ማለቴ ነው፦ ሌሎች ዐይነት እንቅስቃሴዎች ያሉ የሚመስላቸው ፈላስፎች ፤ የእንቅስቃሴን ተፈጥሮ ማስተዋላቸው እንዲደበዝዝባቸው አድርጎባቸዋል፦" በማለት ፤ ስለእንቅስቃሴ ልክ እንደ አሪስጣጣሊስ ግልጽ የሆነ ብይን ያስቀምጣል ፤ እንቅስቃሴን ለተለያዩ ሒደቶች የሚጠቀሙ ቀደምት ፈላስፎችንም ይተቻል፦ በተጨማሪም ይላል ዴስካርተስ (ዴስካርተስ, ፲፮፻፵፱)፦

እንቅስቃሴ "በተለምዶ አንድ ቁስ አካል ከአንድ ሥፍራ (ቦታ) ወደሌላ ሥፍራ (ቦታ) በመንዝ የሚያደርገው ተግባር ነው፦ ... የሆነ ቁስ አካል ተንዝ የሚባለው ፤ ዕሩፍ ተደርገው ከሚታሰቡ አካላት ቅርብ ከመሆን ፤ ወደ ሌሎች አካላት ቅርብ ወደ መሆን ሲሄድ ነው፦"

ነገሮች ለዐይናችን ከሱት ባልሆኑ ግደቶች ከእንቅስቃሴያቸው ሲገቱ ስለምናይ ፤ ነገሮች ሁሉ በውስጠ ባሕርያቸው ወደ ዕረፍት የሚሹ ይመስለናል እንጅ በእውን

ግን እንደዚህ አይደለም እንቅስቃሴም ከዐረፍት የበለጠ ተግባር አያስፈልገውም በማለት ያብራራል።

ልክ እንደ አሪስጣጣሊስ ሁሉ ፤ ጥንተ አንቀሳቃሽ (ዋና አንቀሳቃሽ) መኖሩ ቅቡል ነው ይላል። ቀዳሚው አንቀሳቃሽ (prime cause, prime mover) ፤ በጠፈር ሁሉ ውስጥ ያለውን እንቅስቃሴም አንድ ዐይነት እንዲሆን [ካለው እንዳይጠፋ ፤ ተጨማሪም እንዳይፈጠር] የሚጠብቅም እግዚአብሔር ነው ፤ እግዚአብሔር ከቁስ ጋር እንቅስቃሴን እና ዐረፍትን ፈጠረ ፤ ከዚያ በኋላ የመጀመሪያውን የእንቅስቃሴ መጠን ይጠብቃል በማለት ያትታል።

የእንቅስቃሴ መጠንስ እንዴት ይለካል? የሚለውን የራሱን ጥያቄ ሲመልስ ፤ የቁሱ ፍጥነት እና የቁሱ መጠን ብዜት ነው ፤ የቁሱ መጠን አይለወጥም ይላል። ለስሌት ይመች ዘንድ ፤ ዴስካርተስ እንቅስቃሴን በቀስቶ ሥፍር ሒሳባዊ ስሌት የማስላት ዘዴን ጠቁሟል። ነገር ግን ለአንድ ቁስ ሊሰጠው የሚገባው አንድ እንቅስቃሴ ብቻ ነው ይላል።

ዴስካርተስ የእንቅስቃሴ ሕጎች ያላቸውንም የሚከተሉትን ሦስት ሕጎችን ደንግጓል።

የመጀመሪያ ሕግ: በራሱ የተተወ የትኛውም ነገር ባለበት ሁኔታ ይቀጥላል። የሆነ ነገር እስከሚያቆመው የሚንቀሳቀስ ነገርም መንቀሳቀሱን ይቀጥላል።

የማይንቀሳቀስም ከሆነ አንድ ነገር እስኪያንቀሳቅሰው አይንቀሳቀስም፡፡ (ይኸ የዴስካርተስ አባባል ፤ እንቅስቃሴ ከራሱ ከነገሩ ውስጥ አይመጣም ፤ የእንቅስቃሴ መሰረቱ ለነገሩ ውጫዊ የሆነ ተግባር ነው በሚል ሐሳብ ላይ የተመሠረተ ይመስላል፡፡) የሚንቀሳቀስ ለምን እንደማያርፍ ሲያስረዳም ዕረፍት የእንቅስቃሴ ተቃራኒ ነው ፤ ምንም ነገር በራሱ ተፈጥሮ ወደ ተቃራኒው ፤ ወደ መጥፊያው አይሄድም ይላል፡፡ ለምሳሌ የተወረወረ ጦር ስለ አየር ተጋትሮ ባይሆን ኖሮ ጉዞውን ያለማቆም ይቀጥል ነበር ይላል፡፡

ምክንያት? እንደ ዴስካርተስ እምነት ፤ እግዚአብሔር የአንድን ቅንጣት እንቅስቃሴ ሲጠብቅ ከቅጽበት በፊት የነበረውን እንቅስቃሴ ያለመከታተል የእንቅስቃሴውን አሁን ብቻ ይጠብቃል፡፡ አቅጣጫ መለወጥ መነገር የሚችለው መንጊዜም ነገሩ በአሁላፊ ጊዜ ከነበረበት ተነጻጽሮ ነው፡፡

እዚህ ላይ ልብ ልንል የሚገባው ዴስካርተስ እንቅስቃሴን የሚለካው በቁሱ መጠን (ምን እንደሆነ ገና በቅጡ ያልተበየነ) እና በቁሱ ፍጥነት ነው፦ ጠንካራነት እና ደካማነትም እንደ አገባቡ ሲታይ ፤ የእንቅስቃሴ ለውጥን የመቋቋምን አቅም የሚያመለክቱ ቃላት ናቸው፦

ጋሊሊዮ

ቀደምት ፈላስፎች መፍታት የሚፈልጉትን የተፈጥሮ ሂደት ባብዛኛው በሥርዓተ አመክንዮ ፤ በሥነሞገት ሕግ በመከራከር ይቀርቡታል፦ አንዳንድ ጊዜ የአመክንዮ ድርሰትን ፍጹም በማመን ፤ የስሜት ሕዋሳት ቀጥተና ትርጓሜ ፍጹም ወደ መካድ ይደርሳሉ ፤ ለምሳሌ እንደፓርሜኔደስ እና ተከታዮቹ፦ አንዳንድ ፈላስፎች ፤ ከአመክንዮ ያፈነገጡ ሐሳቦችን እግዚአብሔር እንዲህ አይፈቅድም ወይም እግዚአብሔር እንዲህ ይፈቅዳል በማለት ያስቀምጣሉ፦ ሥርዓተ ሙከራን መጠቀም እምብዛም የተለመደ አልነበረም፦ ጋሊሊዮ በዚህ ረገድ ከፈርቀዳጆች የሚመደብ ነው (ጋሊሊዮ, 1632)፦

እንቅስቃሴን በሦስት ዋናዋና ክፍሎች በመከፋፈል ተመልክቷል፦ የመጀመሪያው ስለ ወጥ እንቅስቃሴ ነው ፤ ሁለተኛው በምድር ስበት የሆነ ጠብታን[14] (free fall) የሚመለከት ነው ፤ ሦተኛው ደግሞ ውንጭኈፍ እንቅስቃሴዎችን በተመለከተ ነው፦ በያንዳንዱ ላይ ብይኖችን ፤ ድንጋጌዎችን ፤ ቅቡሎችን እና አዋጆችን

---

[14] ዜጊም አማራጭ ቃል ነው፦ መዝነም ፤ ከላይ ፤ ከስማይ መውረድ ኪ.ኪ.

በማስቀመጥ ፣ ሥነ-ሥፍራዊ ትንተናዎችን በመጠቀም ማረጋገጫዎችን እና ትንታኔዎችን አስቀምጧል።

ጋሊሊዮ በጥንቃቄ እንደ በየናቸው ፣ እስካሁንም በፊዚካ መጻሕፍት እንደሚገኙት፦-

- ፩) በእኩል የጊዜ ርዝመት የተከለሉ ርቀቶች ራሳቸው እኩል ከሆኑ እንቅስቃሴው ወጥ እንቅስቃሴ ነው። ስለዚህም በወጥ እንቅስቅሴ ወጥ ፍጥነት (የማይለዋወጥ ፍጥነት) ይኖራል።

- ፪) በመነሻው ዕሩፍ የነበረ ድንጋይ ከከፍታ ላይ ሲለቀቅ በተከታታይ የፍጥነት ጭማሬ እያገነ እንደሚሄድ የሚታወቅ ነው። ቀደም ብሎ በአሪስጣጣሊስ የፊዚካ ፍልስፍና ፣ ነገሮች ወደ ምድር የሚቀድቁበት ፍጥነት እንደ ክብደታቸው (ወደፊት በደንብ ይበየናል) ነው የሚል ድምዳሜ ላይ ደርሶ ነበር። ጋሊሊዮ በጥንቃቅቄ ሙከራዎችን በማድረግ ፣ ክብደት የሚጫወተው ሚና እንደሌለ ደመደም። ይኽ ለዘመናት የቆየ አስተሳሰብ ፣ የዕለት-ተለት ልምዳችንም እንደዚሁ ነው የሚለን ሁኔታ ፣ በጋሊሊዮ ስል ምርመራ እውን እንዳልሆነ ተረጋግጧል። በዴስካርተስም በተወሰነ መልኩ የተገለጸውን የአየር ተጋትሮ ተጽእኖ በሚገባ መመልከትና ከሙከራዎቹ መነጠል ቻሎ ነበር። ያልተወረወረ እና ምንም ዐይነት መነሻ ፍጥነት ያልተሰጠው ቁስ አካል በስበት ምክንያት የሚያደርገውን መውደቅ ፣ ጋሊሊዮ በተፈጥሮ የተመነጠቀ እንቅስቃሴ

በማለት ሰይሞታል፡፡ ፍጥነቱ በተከታታይ በየትኞቹም እኩል የጊዜ ርዝማኔ እኩል የፍጥነት ጭማሪ የሚያደርግ እንቅስቃሴ ወጥ ምንጥቅ እንቅስቃሴ ይባላል፡፡

- ፫) መነሻ ፍጥነት የተሰጣቸው ፤ የተወረወሩ ፤ የተቀሰቱ ፤ የተወነጨፉ ፤ የተተኮሱ ነገሮች በስበት ተጽዕኖ ስር ሲሆኑ ያላቸውን የእንቅስቃሴ ዐይነቶች (የአየር ተጋትሮ በሌለበት) በ፭ እና በ፮ የተገለጹትን እንቅስቃሴዎች በድርብ የያዘ መሆኑን አትቷል፡፡ የሚሠሩትን ፍኖትም ፓራቦላዊ መሆኑን አረጋግጧል፡፡

ኒውተን ያስተጻመራቸው የእንቅስቃሴ ሕጎች

ኒውተን በታላላቆች ትከሻ ላይ የቆመ ራሱም ታላቅ የሒሳብ ፤ የፊዚካና የሥነ-ፈለክ ሊቅ ነበር ፤ ብዙዎችን በትካሻው ላይ በማቆም ፤ አርቀው እንዲመለከቱ የተፈጥሮን ሕግጋት በጽሞና የቀመረ ነው፡፡ ከብዙዎች የዘመኑ ልሂቃን ፤ በተለይም ከሮበርት ሁክ እና ጎትፍራይድ ላይብኒዝ ጋር ከፍተኛ አለመግባባት እና በሒሳቤን ተሰረቅሁ ጭቅጭቅ አካሂዷል፡፡ ኒውተን አመለ-ቢስ ነበር ብለው የሚጽፉም እንዲሁ አሉ፡፡ በተለይም ወደ መጨረሻ የድሜው ክልል ከሳይንሳዊ ምርምሩ በተጨማሪ በመጽሐፍ ቅዱስ ውስጥ ሚስጥሮችን በመፈለግ ፤ የፈላስፎች ድንጋይ በመባል የሚታወቀውንና የትኛውንም ብረት ወደ ወርቅ ለመለወጥ የሚያስችል ዘዴን በመፈለግ የቅመማ-ቢጤ (alchemy) ሥራ ተጠምዶ ነበር (ሐዉኪንግ, ፮የ፪)፡፡

ነውተን (ነውተን, ᎒᎒᎒᎒) ያስተጻመራቸውን ሕጎች ከመመልከታችን በፊት አስፈላጊ የሆኑ ቃላትን ብይኖች እናስቀምጥ።

ብ፻) **መጠን-ቁስ** (እንግ: mass ፤ ውክል: m) :- የቁስ ከቁሱ እፍግታ እና ይዘት መጣመድ የሚገኝ ልኬት ነው። በፊዚካ ብይን አንድ አካል በግደት መመንጠቅን የመቋቋም እና ከሌሎች አካላት ጋር በግዴ-ስበት የርስ-በርስ መሳሳብ አቅሙን የሚወስን የአካሉ ተይዞ ነው። መጠን-ቁስ ሥፋር ልኬት ነው። ግደት ፤ መመንጠቅ እና ግደ ስበትን ወደፊት ስለምንመለከታቸው አንባቢው ይህን ብይን ተመልሶ በመመልከት ሊያስብበት ያስፈልጋል።

ብ፻) **ፍዘተ-ቁስ:-** ያለበትን ሁኔታ ፤ በዕረፈትም ሆነ በቀጥታ መሥመር በወጥ ፍጥነት ፤ ለመጠበቅ እና ለውጥን ለመቋቋም ያለው የቁስ የውስጥ ባሕርይ ነው። ይህ ባሕርይ ከመጠን-ቁስ የእንቅስቃሴ ፍዘት ወይም የለውጥ እምቢተኝነት ያልተለየ ነው። አንድ ቁስ ይህን ባሕርዮን የሚያውለው ያለበትን ሁኔታ የሚያስለውጥ ውጫዊ ግደት ያረፈበት እንደሆነ ነው።

ብ፻) **ገፈ-ጎታች ግደት :-** በአንድ ቁስ አካል ላይ ፤ በእርፈት ወይም በወጥ ቶሎታ መሆኑን ለማስቀየር የተሰነዘረ ድርጊት ነው። ይህ ግደት በድርጊት ውስጥ ያለ እንጅ በቁስ አካሉ ቋሚነት ያለው አይደለም። ቁስ አካሉ በግደት የደረሰበትን አዲሱን ሁነቱን የሚያስቀጥለው በፍዘተ-ቁሱ ብቻ ነው።

ገፈ-ጎታች ግደቶች መሰረታቸው ግፊት ፣ ድቃት ፣ ጉተታ ፣ ስሒበ ማዕከል ፣ ወዘተ ሊሆን ይችላል።

ሕግ ፭: የፍዘተ-ቁስ ሕግ[15]

የትኛውም አካል ፣ በሚያርፉበት ግደቶች ተጽዕኖ ፣ ያለበትን ሁኔታ እንዲቀይር ካልተደረገ በቀር በዕፉፍነቱ፣ ወይም በወጥ እንቅስቃሴው ይቀጥላል።

ይኸ የኒውተን ሕግ የፍዘተ-ቁስ ሕግ (የፍዘት ሕግ) ይባላል። የዴስካርተስን የመጀመሪያ እና ሁለተኛ የእንቅስቃሴ ሕጎች አጣምሮ የያዘ ነው። ጋሊሊዮም እንደ ኒውተን እጥር ምጥን ባለ ዓረፍተ ነገር አይግለጸው እንጅ ፣ ዴስካርተስ የማይታየ ያላቸውን የእንቅስቃሴ እንቅፋቶች የአየርን ተጋትሮ ፣ ግደ ፍትጊያን ፣ የስበትን ተጽዕኖ በመተንተን ፣ ለምን ሕግ ፭ ከዕለት ተለት ዕይታችን በተቃርኖ እውን ሊሆን እንደሚችል ሐተታ አድርጓል።

---

[15] ለውጥ የመቋቋም ሕግ

ሕግ ፯: የግደት-ምንጠቃ ወደረኛነት ሕግ

የእንቅስቃሴ ልውጠት ፥ ካረፈበት አንቀሳቃሽ ግደት ጋር ወደረኛ ነው ፤ [እንቅስቃሴው] የሚደረገውም ግደቱ ወደሚያርፍበት ቀጥታ መሥመር አቅጣጫ ነው።

ሕግ ፰: የግብረ-አጸፋ ሕግ

ለየትኛውም ግብር ሁሌም በተቃራኒ [አቅጣጫ] እና [በመጠን] እኩል የሆነ ግብረ-መልስ[16] አለ ፤ ወይም የሁለት አካላት አንዱ በአንዱ ላይ የሚያደርግ የጋራ ግብር ሁሌም እኩል ሲሆን አቅጣጫቸው ወደ ተቃራኒው ክፍል ነው።

---

[16] ግብረ መልስ (reaction) ፤ ምላሽ ሂስ (feedback) ፤ ኺስ ማጣጣል

ምዕራፍ ፫: መሰረታዊ ሥነ-እንቅስቃሴ - የእንቅስቃሴ ዐይነቶች ፣ ብይናቸው እና ሥነ-ስሌታቸው

በቀደሙት ሁለት ምዕራፎች ፣ በቦታ ፣ በጊዜ እና የሥፋራ ፍጥነለውጥ ላይ የተደረጉ ሐተታዎችን እና ድንጋጌዎችን በጥቂቱ ዐይተናል። በዚህ ምዕራፍ ልሙድ የእንቅስቃሴ ሥነስሌት ወይም የነዉተናዊ ሥነእንቅስቃሴን ሥነ ስሌት እንመለከታለን።

ብይኖች

ፍልሰት (እንግ: displacement ፣ ውክል:s ወይም $\vec{s}$) በሁለት ነጥቦች መካከል የተየለሌ ፍኖቾች ይኖራሉ። ፍኖቶቹ የተለያየ ርቀት ይኖራቸዋል። ለምሳሌ በቀኝ በኩል በሚታየው ካርተሳዊ የቅንበር ሥርዓት ውስጥ A እና Bን የምያገናኙ ሥስት ፍኖቾች ተተልመዋል። እያንዳንዳቸው የተለያየ ርቀት ሊኖራቸው ይችላል። ነገር ግን ከነዚህ A እና Bን

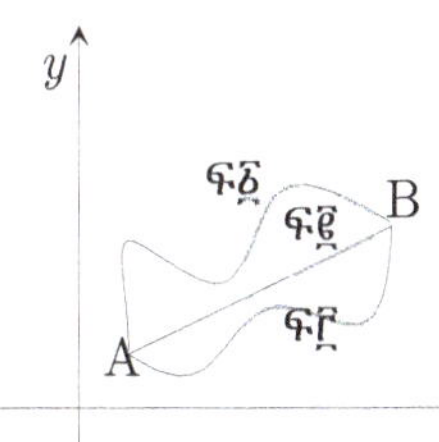

የሚያገናኝ ከሌሎቹ የትኞቹም ልንተልማቸው ከምንችላቸው ፍኖቶች ሁሉ በርቀት ያነሰ አንድ ፍኖት አለ። ይኸም ሁለቱን ነጥቦች የሚያገናኘው ቀጤ መሥመር ነው። ይኸ መሥመር በርቀቱ መጠን እና በአቅጣጫው ሙሉ ለሙሉ መገለጽ ይችላል። ይኸን ፍልሰት እንለዋለን። ስለዚህም ፍልሰት በሁለት ነጥቦች መካከል ያለ ቀስቶ ርቀት ነው።

ፍጥነት (እንግ: speed ፤ ውክል: v) ፍጥን-ርቀት ነው። አንድ ቁስ የተጓዘው ርቀት ሲካፈል ለታጓዘበት የጊዜ መጠን ፍጥነት ይባላል። ለምሳሌ S ያህል ርቀት በ t ጊዜ ቢጓዝ ፍጥነቱ (v) በብይን

$$v = \frac{S}{t}$$

ቶሎታ (እንግ: velocity ፤ ውክል: $\boldsymbol{v}$ ወይም $\vec{v}$) ፍጥን-ፍልሰት ነው።

አግባባዊ ብይኑ ፍልሰት ሲካፈል ፍልሰቱ ለወሰደው የጊዜ ቆይታ ነው። ስለዚህ ቶሎታ ቀስቶ ፍጥነት ነው። ቶሎታን አሟልቶ ለመግለጽ መጠንም አቅጣጫም ያስፈልጋሉ። እንበልና ፍልሰት $\Delta\boldsymbol{S}$ ቢሆን ፍልሰቱ የወሰደው ጊዜ Δt ቢሆን ፤ ቶሎታ ($\boldsymbol{v}$) በሒሳባዊ ብያኔ እንደሚከተለው ይቀመጣል

$$\boldsymbol{v} = \vec{v} = \lim_{\Delta t \to 0} \frac{\Delta\boldsymbol{s}}{\Delta t} = \frac{d\boldsymbol{s}}{dt} = \frac{d\vec{s}}{dt}$$

ምንጠቃ (እንግ: acceleration ፤ ውክል: $\boldsymbol{a}$ ወይም $\vec{a}$ ፤ ቀደምት የዐማርኛ ትርጉሞች: ፍጥንጥነት ፤ ሽምጠጣ ፤ ጥድፊያ) ፍጥን-ቶሎታ ነው። እንደሚከተለው ይጻፋል።

$$\vec{a} = \frac{d\vec{v}}{dt}$$

ፍጥነ ምንጠቃን እንቅርቅብ ልንለው እንችላለን። በዚህ መጽሐፍ ውስጥ አንመለከተውም።

ፍልሰት በወት ምንጠቃ

ወት ተመንጣቂ እንቅስቃሴዎች በማይለዋወጥ ምንጠቃ የሚንቀሳቀሱ ናቸው። ምንጠቃ a እና መነሻ ፍጥነት v_0 ይኑረን። እንቅስቃሴው መነሻ ላይ ያለውን ጊዜ ሰዓታችንን ከአልቦ $(t_0 = 0)$ በማስጀመር የጊዜውን ርዝማኔ t እንለካ። በየትኛውም ጊዜ ቁስ አካሉ ከመነሻ ቦታው ያለውን የፍልሰት መጠን s እናግኝ። ለአሁኑ አውታረ-፩ወ፩ ሥርዓት ብቻ እናስብ (አንድ የህዋ እና አንድ የጊዜ አውታር ያለው ሥርዓት።) በቀስቶ ሥፍሮቹ ላይም የቀስት ምልክት ማስቀመጡን ለጊዜው እንተወው። ስሌቱን ለአውታረ-፫ወ፩ (፫ የሥፍራ አውታር ፩ የጊዜ አውታር) ሥርዓት ማጠቃለል ቀላል ነው።

ከቶሎታ ብይን እና ከምንጠቃ ብይን እንደቅደም ተከተላቸው የሚከተሉትን ዝምድናዎች እናገኛለን።

$$ds = vdt \text{ ፣ } dv = adt$$

ከሁለቱ ቀመሮች የሚከተለውን እናገኛለን

$$ads = vdv$$

ከመነሻ ጊዜው በፈቀድነው የጊዜ ቆይታ ላይ የሚከተለውን እናገኛለን።

$$\int_0^s ads = \int_{v_0}^{v} vdv$$

አልዶቴን በመተግበር ቁሱ በመነሻውና በጊዜ t የተጓዘውን ርቀት እንደሚከተለው እናገኛለን፦

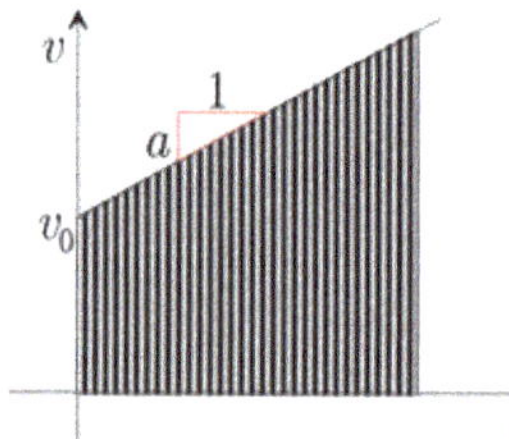

$$s = -\frac{v_0^2 - v^2}{2a}$$

በፈቀድነው ጊዜ ቁሱ ያለውን ቶሎታ v በጊዜ t እና በምንጠቃው a እንደሚከተለው እናገኛለን፦

$$v = v_0 + at$$

ስለዚህ

$$s = v_0 t + \frac{1}{2} at^2$$

ይህ የርቀት እኩልዮሽ ርቀት ከጊዜ ጋር በፓራቦላዊነት ይጨምራል የሚል ነው፡፡ ቶልታውን በቁሚ የቅንብር አውታር ላይ ጊዜን በአግዳሚ የቅንብር አውታር ላይ ብናስቀምጥና ዝምድናቸውን ብንተልም ፤ ርቀቱ በቶሎታ-ጊዜ ትልሙ ሥር የተያዘው መጠነ-ሥፋት ነው፡፡

የምድር የስበት ምንጠቃ ባጭሩ ከፍታ ላይ ያዋት ነው ብለን ብንወስድ (የጋሊሊዮ ይሁንታ ነው) የጋሊሊዮን የጠብታ ቀመር (free fall ፤ $v_0 = 0$) ምንጠቃውን በምድር የስበት ምንጠቃ g በመተካት እንደሚከተለው ማግኘት ይቻላል፡፡

$$h = \frac{1}{2} gt^2$$

h ቁሱ የወደቀው የከፍታ መጠን ነው፡፡

አንዳንድ ጊዜ ከምድር በቀጥታ ወደ ላይ የተጓነች ኳስ ምን ያህል ከፍታ እንደምትደርስ (ወይም መሰል መጠይቆችን) ማስላት እንፈቅድ ይሆናል። ኳሷ በመነሻ ቶሎታ v_0 ያህል ብትነን ፤ የመጨረሻ ከፍታዋ ላይ ስትደርስ ፤ ፈጥነቷ $v = 0$ አልቦ ይሆናል ፤ ወደ ምድር ከመውደቋ በፊት ለቅጽበት ቀጥ ትላለች። ስለዚህም

$$h = \frac{v_0^2}{2g}$$

ያህል ትጉናለች። በርግጥ የአየር ተጋትሮ በመኖሩ ይኸን ያህል ከፍ አትልም ፤ በተግባር ከዚህ ያነሰ ከፍታን ነው የምትጉነው። ከፍተኛው ከፍታ ላይ ደርሳ ወደ መነሻዋ ለመመለስ የሚወስድባትን ጊዜ ለማስላት ብንፈልግ።

ስትወጣ

$$t = -\frac{v_0}{g}$$

ወደታች ስትወረድ ደግሞ ይኸንኑ ያህል

$$t = -\frac{v_0}{g}$$

በድምሩ

$$t = -2\frac{v_0}{g}$$

ያህል ጊዜን ትወስዳለች።

ጣምራ እንቅስቃሴ

እስካሁን ያየነው በአውታረ-ፅወፅ ሥርዓት የሆነን እንቅስቃሴ ነው። በአውታረ-ፅወፅም እንደሚከተለው ማበልጸግ እንችላለን። የቀስቶ ድምር ከመጠቀም በቀር ሌላ የሚያስጨምረን አዲስ ነገር የለም።

መነሻ ሁኔታ

$$\vec{v}_0 = <v_{0,x}, v_{0,y}>$$

ምንጠቃ

$$\vec{a} = <a_x, a_y>$$

ቶሎታ በጊዜ t

$$\vec{v} = \vec{v}_0 + \vec{a}t = <v_{0,x}, v_{0,y}> + <a_x, a_y> t$$

ፍልሰት በጊዜ t

$$\vec{s} = \vec{v}_0 t + \frac{1}{2}\vec{a}t^2 = <v_{0,x}, v_{0,y}> t + \frac{1}{2} <a_x, a_y> t^2$$

ጊዜ tን እንደሚከተለው በx በኩል ያለውን ምንዣር በመመልከት ማግኘት እንችላለን።

$$\frac{1}{2}a_x t^2 + v_{0x} t - s_x = 0$$

መፍትሔ

$$t = -\frac{v_{0x}}{a_x} \pm \frac{1}{a_x}\sqrt{v_{0x}^2 + 2a_x s_x}$$

ያገኘነውን የጊዜ አገላለጽ በy በኩል ባለው የእንቅስቃሴ ምንዘር

$$s_y = v_{0y}t + \frac{1}{2}a_y t^2$$

ውስጥ በመጠቀም የሚከተለውን ዝምድና ማግኘት እንችላለን።

$$s_y = -\frac{v_{0x}v_{0y}}{a_x}$$
$$+ \left(\pm\frac{v_{0y}}{a_x}\right.$$
$$\left.\mp\frac{a_y v_{0x}}{a_x^2}\right)\sqrt{v_{0x}^2 + 2a_x s_x}$$
$$+ \frac{a_y v_{0x}^2 + a_x a_y s_x}{a_x^2}$$

ተጨማሪ በማደራጀት የሚከተለውን እናገኛለን።

$$a_y^2 s_x^2 - 2a_x a_y s_x s_y + a_x^2 s_y^2$$
$$+ 2\big(a_y v_{0y} v_{0x}$$
$$- a_x v_{0y}^2\big)s_x$$
$$+ 2\big(a_x v_{0x} v_{0y}$$
$$- a_y v_{0x}^2\big)s_y = 0$$

ይኸ ዐይነት እኩልዮሽ የክፍለ ቅንብብ እኩልዮሽ ይባላል (አንተነህ ብሩ, 2024b)። ምክንያቱም እንደየሁኔታው የክፍለ ቅንብብ ሥርዓት ሥፍራዎችን ፤ ክብ ፤ ከበብ ፤ ፓራቦላ ወይም ሃይፐርቦላን ሊገልጽ ስለሚችል ነው። ባጠቃላይ የክፍለ ቅንብብ እኩልዮሽ እንደሚከተለው ይጻፋል።

$$As_x^2 + Bs_y s_x + Cs_y^2 + Ds_x + Es_y + F$$
$$= 0$$

የትኛውን የክፍለ ቅንብብ ዐይነት እንደሚገልጽ ለመለየት ፤ የሚከተለውን መለያ (discriminant) እናስተውላለን።

መለያ	ውጤት	ክፍለ ቅንብብ	ተጨማሪ	ልዩ ሁኔታ
B^2 $- 4AC$	< 0	ከበብ	$A = C$ ፤ $B = 0$	ክብ
	$= 0$	ፓራቦላ		
	> 0	ሃይፐርቦላ	$A + C = 0$	ካሬ ሃይፐርቦላ

ላይ ካገኘነው እኩልዮሽ ጋር በማነጻጸር መለያውን ስንፈትሽ

$$B^2 - 4AC = 4a_x^2 a_y^2 - 4a_x^2 a_y^2 = 0$$

እንቅስቃሴው ባጠቃላይ የሚከተለው ፓራቦላዊ ፍኖት ነው
ማለት ነው።

የጋሊሊዮን ድርብ እንቅስቃሴ (compound motion)
በተወንጫፊዎች ፤ ውርውሮች እና መሰል እንቅስቃሴዎች
ላይ ካገኘነው ጠቅላላ እኩልዮሽ ላይ ማማገኘት እንችላለን።

ለምሳሌ የተተኮሰች የመድፍ አረርን እንቅስቃሴን
እንመልከት። መድፉ አፈ ሙዙን በተወሰነ ዘዌ ከአግድሞሹ
ቀና ያደረገ ይሁን። ይኸ ዘዌ θ ይሁን። በመቀጠልም አረሩ
ከመድፉ አፈሙዝ ስትወጣ መነሻ ቾሎታ v_0 ይኑራት።
አረሯ ባየር ላይ የሚኖራትን ፍኖት እንደሚከተለው
ማማገኘት ይቻላል።

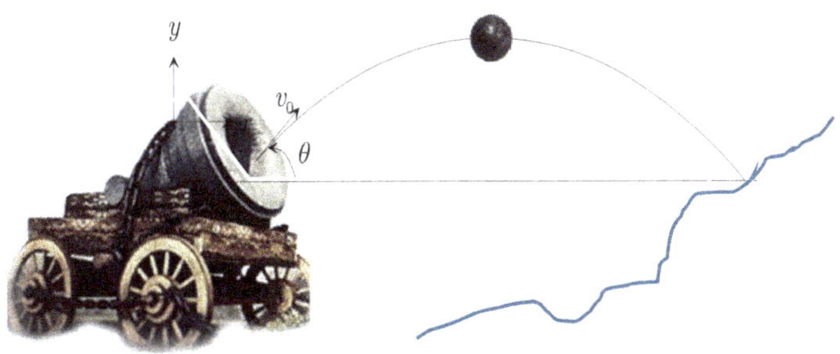

የቴዎድሮስ መድፍ

መነሻ ሁኔታ

- $v_0 = <v_{0,x}, v_{0,y}> = v_0 <\cos\theta, \sin\theta>$

- ምንጠቃ

- $\vec{a} = <0, g>$

በመተካት

- $gs_x^2 + 2v_0^2\sin\theta\cos\theta s_x - 2v_0^2\cos^2\theta s_y = 0$

እኩልዮሹ የአረርን ፍኖት ይገልጻል ፤ ቅርጹም ፓራቦላዊ ነው። የተተኮሰችው የመድፍ አረር የት እንደምትደርስ ማወቅ ተግባራዊ ጥቅም ሊኖረው ይችላል። ለምሳሌ መምታት የሚፈለገው ዒላማ የሆነ ርቀት ላይ ቢሆን (በወታደራዊ ምሕንድስና ይኸን ማጥናት ያስፈልጋል) ለምሳሌ ሌላ ተቃራኒ መድፍ ቢሆን ፤ የተቃራኒው መድፍ ሲተኮስ በመጀመሪያ ብርሃን ይታያል ፤ ከዚያም ድምፅ ይሰማል። ብርሃን እጅግ ፈጣን በመሆኑ ፤ የብርሃን ብልጭታ የታየበትን ልክ የተተኮሰበት ጊዜ አድርጎ መውሰድ ይቻላል። ከዚያም ድምፅ በአየር ውስጥ 340.29

ሜትር በሰከንድ ፍጥነት ስላለው ፤ ፍጥነቱን በመጠቀም እና ከብርሃን ብልጭታው እስከ ድምፁ መሰማት ያለውን ጊዜ በመመዝገብ የመድፉን ርቀት መገመት ይቻላል። (በጨለማ ከሆነ።) መድፉ መወርወር የሚችልበት የመነሻ

ቶሎታ የተወሰነ ስለሚሆን ተኳሹ አፈሙዙን በምን ያህል ዘዌ መተኮስ እንዳለበት ማስተካከል ይኖርበታል።

የመድፉ ዐረር ስታርፍ $s_y = 0$ እውን ነው። ስለዚህም

$$gs_x^2 + 2v_0^2 s_x \sin\theta \sin\theta = 0$$

የዚህ መፍትሄ የሚከተሉት ሁለቱ ናቸው።

- $s_x = 0$ የመነሻ ነጥቡን ይሰጠናል ፤ የምንፈልገው መፍትሄ አይደለም።

- $s_x = -\dfrac{2v_0^2 \sin2\theta}{g}$ የመድረሻ ነጥቡን ይሰጠናል ፤ ይኸ የምንፈልገው መፍትሄ ነው።

ከዚህም አረራ ረኝም ርቀት የምትንዘው ዘዌው (θ) $\overline{45}$ መዓርጋት ሲሆን መሆኑን እንረዳለን። ርቀቱም $s_x = -\dfrac{2v_0^2}{g}$ ነው።

እንደዚሁም ብዙ ተመሳሳይ ስሌቶችን ማድረግ እንችላለን።

ምህዋራዊ እንቅስቃሴ

በመሰረታዊ የሥነ-ቁስ እና ቁሳዊ ነፋሳት ምርምር ከሚዳሰሱት የእንቅስቃሴ ዐይነቶች አንዱ ምህዋራዊ እንቅስቃሴ ነው።

ብ፭) ሙሉ ዙሩን ለማጠናቀቅ የሚወስደው ጊዜ የዑደት-ጊዜ (period) ይባላል። በላቲን ፊደል T ይወከላል።

ብ፪) የዑደት-ጊዜው ግልብጥ ርግብግቦሽ[17] (frequency) ይባላል። መለኪያው የጊዜ መለኪያ ግልብጥ ነው። በአለማቀፍ የአሃድ ሥርዓት ግልብጥ-ሰከንድ ($1/s$) አሃድ አለው። አብዛኛውን ጊዜ በላቲን ፊደል f ይወከላል።

$$f = \frac{1}{T}$$

ብ፫) **ዘዌ-ቶሎታ** (angular velocity) ዚሪው የሚያካሂደው የዘዌ ፍጥነ ልውጠት ነው። በግሪክ ፊደል ω ይወከላል። እንደሚከተለው ይገኛል።

$$\omega = \frac{d\theta}{dt} = \frac{2\pi}{T} = 2\pi f$$

ብ፬) **ዘዌ-ምንጠቃ** የዘዌ-ቶሎታ ፍጥነ ልውጠት ነው። በግሪክ ፊደል α ይወከላል። እንደሚከተለው ይገለጻል።

$$\alpha = \frac{d\omega}{dt}$$

ዘዌ-ምንጠቃው አልቦ የሆነ ክብ ዙር እንቅስቃሴ ወጥ ክብ ዙር እንቅስቃሴ ይባላል።

r ቆስቶ ሥፍራ ይሁን። r መጠነ-ርቀት ቢሆን እና $\hat{r}$ አሃድ ቀስት ቢሆን ፤ የቆስቶ ሥፍራው ፍጥነ-ልውጠት እንደሚከተለው ይሰላል።

$$v = \frac{d\boldsymbol{r}}{dt} = \frac{\partial \boldsymbol{r}}{\partial r}\frac{dr}{dt} + \frac{\partial \hat{\boldsymbol{r}}}{\partial \hat{\boldsymbol{r}}}\frac{d\hat{\boldsymbol{r}}}{dt}$$

$$\frac{\partial \boldsymbol{r}}{\partial r} = \hat{\boldsymbol{r}} \text{ ፣ } \frac{\partial \boldsymbol{r}}{\partial \hat{\boldsymbol{r}}} = r \text{ ፣ } \frac{dr}{dt} = \dot{r} \text{ ፣ } \frac{d\hat{\boldsymbol{r}}}{dt} = \omega\hat{\theta}$$

$\hat{\boldsymbol{\theta}}$ ወደ ዙረቱ አቅጣጫ የሚያመለክት ለ$\hat{\boldsymbol{r}}$ ምስቅ የሆነ አቅጣጫ ያለው አሃድ ቀስት ሲሆን ፣ ω የዘዌው ፍጥነ ልውጠት ነው።

$$\frac{d\mathbf{r}}{dt} = \dot{r}\hat{\boldsymbol{r}} + r\omega\hat{\boldsymbol{\theta}}$$

የቀስቶ ሥፍራውን እጥፍ ፍጥነ-ልውጠት በመፈለግ የዚሪው ቁስ ምንጠቃ እንደሚከተለው እናገኛለን።

$$a = \frac{d^2\mathbf{r}}{dt^2} = \ddot{r}\hat{\boldsymbol{r}} + r\dot{\hat{\boldsymbol{r}}} + \dot{r}\omega\hat{\boldsymbol{\theta}} + r\alpha\hat{\boldsymbol{\theta}}$$
$$+ r\dot{\theta}\dot{\hat{\boldsymbol{\theta}}}$$

$\hat{\boldsymbol{r}}$ እና $\hat{\boldsymbol{\theta}}$ ምስቅ በመሆናቸው $\hat{\boldsymbol{\theta}} \cdot \hat{\boldsymbol{r}} = 0$ እውን ነው። ተከትሎም

$$\dot{\hat{\boldsymbol{\theta}}} \cdot \hat{\mathbf{r}} + \dot{\hat{\boldsymbol{\theta}}} \cdot \dot{\hat{\mathbf{r}}} = \dot{\hat{\boldsymbol{\theta}}} \cdot \hat{\mathbf{r}} + \omega = 0$$
$$\Rightarrow \dot{\hat{\boldsymbol{\theta}}} = -\omega\hat{\mathbf{r}}$$

በመተካትና በማቀናበር የሚከተለውን እናገኛለን።

$$a = (\ddot{r} - r\omega^2)\hat{\mathbf{r}} + (2\dot{r}\omega + r\alpha)\dot{\hat{\boldsymbol{\theta}}}$$

በ$\hat{\mathbf{r}}$ እና በ$\hat{\theta}$ አቅጣጫ ያሉትን የምንጠቃ ምንዝሮች እንደቀደም ተከተላቸው $a_r = \ddot{r} - r\omega^2$ እና $a_\theta = 2\dot{r}\omega + r\alpha$ ብንጠቀም ምንጠቃውን እንደሚከተለው መጻፍ እንችላለን።

$$\boldsymbol{a} = a_r\hat{\mathbf{r}} + a_\theta\dot{\hat{\boldsymbol{\theta}}}$$

ትመት ፣ ግደት ፣ ሥራ እና ኃይል

ትመት[18] (እንግ: momentum ፣ ውክል: $\boldsymbol{p}$ ወይም $\vec{p}$) መነሻ ብይኑ *መጠነ-ቁስ* ሲባዛ በ*ቶሎታ* ነው[19]። ኒውተን የእንቅስቃሴ መጠን ይለዋል። ዴስካርተስም በሦስተኛው የእንቅስቃሴ ሕጉ የጠቀሰው ይኸንኑ ነው። በቀስቶ ሥፍር (ቶሎታ) እና በሥፉር ሥፍር (መጠነ-ቁስ) መካከል የሚደረግ ብዜት በመሆኑ ፣ ትመት ቀስቶ ሥፍር ነው። የትመት ቀመር እንደሚከተለው ይጻፋል።

$$\boldsymbol{p} = m\boldsymbol{v} \text{ ወይም } \vec{p} = m\vec{v}$$

የዐቂበ ትመት መርኅ በዝግ ሥርዓት ትመት የተጠበቀ ነው። ማለትም ፣ ያለው ትመት ምንጊዜም ይኖራል። ይኸንን ዴስካርተስ (ዴስካርተስ, ፲፮፻፵፬) በተወሰነ መልኩ

---

[18] «ነጋሪቱ እየተጎሰመ ፣ ሰራዊቱ እየተመመ ...»። ከበደ ሚካኤል «ታሪክና ምሳሌ» ። መትመም በብዛት ፣ በሕብረት መንቀሳቀስ የሚል ትርጉም አለው።

[19] ወደፊት ስለ ላግራንዣውያን እና ሐሚልተናውያን ስንመለከት የተሻለ የትመት ብይን እንመለከታለን።

የገለጸው ነው፡፡ በኒውተን ሦስተኛ የእንቅስቃሴ ሕግ (የግብረ-አጸፋ ሕግ) የተያዘ ነው፡፡

መጠነ-ቁስ m_1 ፤ m_2 ፤ m_3 ፤ … ፤ m_n ያላቸው n ቅንጣቶች በዝግ ሥርዓት ይኑሩ፡፡ ቅንጣቶቹ በመጀመሪያ ቶሎታ $\vec{v}_1$ ፤ $\vec{v}_2$ ፤ $\vec{v}_3$ ፤ … ፤ $\vec{v}_n$ ቢኖራቸው ፤ ከመገጫጨታቸው በኋላ ደግሞ ቶሎታዎች $\vec{u}_1$ ፤ $\vec{u}_2$ ፤ $\vec{u}_3$ ፤ … ፤ $\vec{u}_n$ ቢኖራቸው በዕቅበተ ትመት መርን መሰረት የሚከተለው እውን ይሆናል፡፡

$$m_1\vec{v}_1 + m_2\vec{v}_2 + m_3\vec{v}_3+…+m_n\vec{v}_n$$
$$= m_1\vec{u}_1 + m_2\vec{u}_2 + m_3\vec{u}_3+…+m_n\vec{u}_n$$

ግደት[20] (እንግ: force ፤ ውክል: F ወይም $\vec{F}$) የኒውተን ሁለተኛ የእንቅስቃሴ ሕግ እንደሚነግረን ፤ ግደት ከእንቅስቃሴ መጠኑ ልውጠት ጋር አቻ ነው፡፡ የእንቅስቃሴ መጠን ትመት መሆኑን በብይን ስላስቀመጥን ፤ ግደት ከትመት ልውጠት ጋር አቻ ነው፡፡ ከላይ ያገኘውን የትመት ቀመር በጊዜ እናካፍለው ፤ ወይም በተሻለ አገላለጽ ትመት ከጊዜ አንጻር ያለውን ልውጠት እንፈልግ

$$\vec{F} = \frac{d\vec{p}}{dt} \overset{1}{=} \frac{\partial\vec{p}}{\partial m}\frac{dm}{dt} + \frac{\partial\vec{p}}{\partial\vec{v}}\frac{d\vec{v}}{dt} \overset{2}{=} \vec{v}\frac{dm}{dt}$$
$$+ m\frac{d\vec{v}}{dt}$$

---

[20] የተለያዩ የግደት ዐይነቶች አሉ፡፡ ግደ-ስበት ፤ ግደ-ፍትጊያ ፤ ግደ-መብርሂት ፤ ግደ-መግነጢሰት ፤ ወዘተ፡፡

በመቀጠል ፣ በይሁንታ $\frac{dm}{dt} = 0$ን ብንጠቀም (ማለትም መጠነ-ቁስን ጊዜ-አይለወጤ ነው ብንል)

$$\vec{F} = m\frac{d\vec{v}}{dt}$$

እናገኛለን። ይህ ይሁንታ የማይሰራባቸውን ሁኔታዎች አሉ። ለጊዜው እንቀበለው።

በኒውተን የመጀመሪያ ሕግ ፣ አንድ ቁስ ያልተመጣጠነ ግደት እስካልተጫነበት ድረስ ወይ ዕሩፍ ይሆናል አለበለዛም በወጥ ቶሎታ ይጓዛል ይለናል። ያ ማለት ምንም ግደት ባይኖር ወይም ርስበርሳቸው የሚጣፉ ግደቶች ቢጫኑበት

$$\vec{F} = m\frac{d\vec{v}}{dt} = 0$$

መጠነ-ቁስ ላለው ቁስ ይህ እኩልዮሽ እውን የሚሆነው ፣ $\frac{d\vec{v}}{dt} = 0$ ሲሆን ማለትም $\vec{v}$ የማይለዋወጥ (ያዊት) ሲሆን ነው። $\vec{v}$ ያዊት ነው ስንል ፣ መጠኑንም አቅጣጫውንም አይቀይርም ማለታችን ነው። $F \neq 0$ ሲሆን (ድምር ግደቱ ከአልቦ ሲበልጥ) ግን ቁሱ በ$\frac{d\vec{v}}{dt} \neq 0$ ይመነጠቃል። ግደቱ ቀስቶ መስክ ሲሆን የግደት መስክ (force field) ይባላል።

የግደት መለኪያ ኒውተን (N) ይባላል። የአንድ ኒውተን ብይን በዓለም አቀፋዊ ደንብ አሃድ ኪሎ ግራም (kg) ሜትር (m) በካሬ ሰከንድ (s^2) ነው ($1\ N = kg.m/s^2$።)

የቁስ **ክብደት** ፤ የቁሉ መጠነ-ቁስ በስበት ምንጠቃ ሲባዛ ነው። ስለዚህ የአንድ ቁስ ክብደት ፤ የስበት ምንጠቃው ሲለያይ የተለያየ ይሆናል። ስበት በሌለበት ደግሞ ክብደት አልባ ይሆናል ማለት ነው። በመሆኑም ከምድር ፤ ወይም ሌላ ግዙፍ ሰማያዊ አካል ርቆን ስንሆን ፤ ክብደት አልባነት ይሰማናል።

ሥራ: — በአንድ ቁስ ላይ ርስበርሳቸው የማይጣፉ ግደቶች ሲያርፉበት ይንቀሳቀሳል ፤ ቁስ አካሉ በግደቱ አቅጣጫ ያካሄደው ፍልሰት ከግደቱ ጋር ሲባዛ የምናገኘውን መጠን በብይን *ሥራ* ይባላል። ለኢምንት ፍልሰት $\mathrm{d}\vec{s}$ ፤ ኢምንት ሥራው $\mathrm{d}W$

$$\mathrm{d}W = \vec{F} \cdot \mathrm{d}\vec{s}$$

ይሆናል። በአንድ ፍኖት ላይ ግደቱ የካሄደውን የሥራ መጠን ለማግኘት ፤ ከፍኖቱ መነሻ እስከ መድረሻው ድረስ ሥራውን እናልዳለን ፤ ማለትም

$$W = \int_a^b \vec{F} \cdot \mathrm{d}\vec{s}$$

ዞሮ ገጠም ፍኖት C ሥፋት Sን በውስጡ ቢከልል ለጠለሉ ምስቅ የሆነ አሃድ ቀስት $\hat{n}$ ቢኖረን የመሥመር አልዱቱን ለማግኘት የግሪንን አዋጅ ፤ ወይም ባጠቃላይ የስቶከስን አዋጅ መጠቀም እንችላለን (አንተነህ ብሩ, 2024b)።

$$W = \oint_C \vec{F} \cdot \mathrm{d}\vec{s} = \iint (\nabla \times \vec{F}) \cdot \hat{n}\mathrm{d}S$$

ለምሳሌ የሚከተለውን የግደት መስክ እንውሰድ

$$\vec{F} =< -\alpha y, \beta x >$$

በዚህ የግደት መስክ ውስጥ ፤ ማዕዘር r ባለው ክብ ፍኖት

$$x^2 + y^2 = r^2$$

ላይ በሚደረግ እንቅስቃሴ የሚኖረውን ሥራ እንፈልግ፦

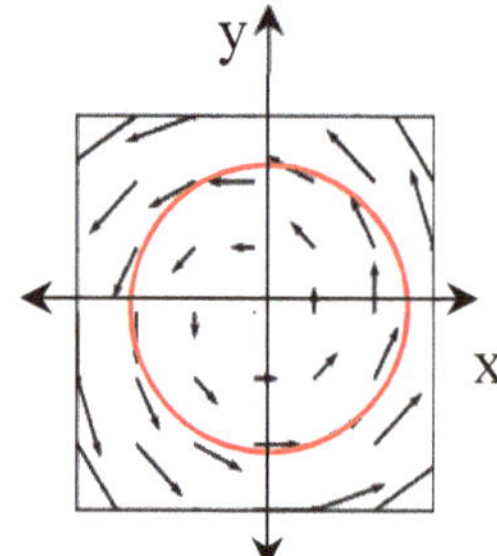

$$\nabla \times \vec{F} = -\alpha \hat{j} + \beta \hat{k}$$

$$\hat{n} = \hat{k}$$

$$W = \iint (\nabla \times \vec{F}) \cdot \hat{n} \mathrm{d}S = \iint a \mathrm{d}S$$

አልዶቱን ቀጥታ መሥራት እንችላለን። እጥፍ አልዶቱ የክብ መጠነ-ሥፋት መሆኑን ልብ እንላለን። ስለዚህ

$$W = \beta \pi r^2$$

ፈለጉ ክበብ ቢሆን ፤ እንበልና $(x/a)^2 + (y/a)^2 = 1$ የክበቡን መጠነ-ሥፋት ማወቅ ብቻ ፤ በግደ-ንኝቱ ውስጥ በከበብ ፍኖት በመንቀሳቀስ የሚሠራ ሥራ ለማወቅ በቂ ይሆናል። አንባቢው ሒሳቡን ቢያከናውነው የሚከተለውን ያገኛል።

$$W = \beta \pi ab$$

ዕቅብ የግደት መስክ: - የግደት መስክ ቢኖረን ፤ በግደት መስኩ ውስጥ ዘሮ ገጠም ፍኖት በመንቀሳቀስ የሚሠራው

ሥራ አልቦ ቢሆን ፤ የግደት መስኩ ዕቅብ የግደት መስክ ይባላል። እንደዚያ ከሆነ ግደት መስኩ ከዕምቀት ቅምር (potential function) ፤ እንበልና V ፤ እንደሚከተለው ይገኛል ማለት ነው።

$$\vec{F} = \nabla V$$

የዚህን የሒሳብ መሰረት አንባቢው የግሪንን አዋጅ ወይም የስቶክስን አዋጅ በመመልከት መረዳት ይችላል (አንተነህ ብሩ, 2024b)።

ኃይለ እንቅስቃሴ (kinetic energy ፤ ውክል: T) በእንቅስቃሴው ምክንያት ቁሱ የሚኖረው ኃይል ነው። ትመቱን በቁሚ የቅንበር አውታር ፤ ቆሎታውን ደግሞ በአግዳሚ የቅንበር አውታር ብንተልም ፤ ኃይለ እንቅስቃሴ ፤ በትመት ቆሎታው ክርብ ስር ያለው ሥፋት ነው። በስሌት

$$T = \int mvdv = \frac{1}{2}mv^2$$

ማለትም ኃይለ እንቅስቃሴ እንደ እንቅስቃሴው ቆሎታ ካሬ ነው። በአውታረ-$\underline{z}$ ሥርዓት የቆሎታው ካሬ እንደሚከተለው ይገኛል።

$$v^2 = \dot{x}^2 + \dot{y}^2 + \dot{z}^2$$

በክብ የሚዞርን (የሚሽርን) ቁስ ኃይል እንቅስቃሴ ለማግኘት በቶሎታ እና በፍጥነ-ዘዌ መካከል ያለውን ዝምድና በመጠቀም የሚከተለውን እናገኛለን፦

$$T = \frac{1}{2}m(\dot{r}\hat{\boldsymbol{r}} + r\omega\hat{\boldsymbol{\theta}})(\dot{r}\hat{\boldsymbol{r}} + r\omega\hat{\boldsymbol{\theta}})$$

$$= \frac{1}{2}m(\dot{r}^2\hat{\boldsymbol{r}} : \hat{\boldsymbol{r}} + 2\dot{r}r\omega\hat{\boldsymbol{r}}$$

$$: \hat{\boldsymbol{\theta}} + r^2\omega^2\hat{\boldsymbol{\theta}} : \hat{\boldsymbol{\theta}})$$

ቀጥለን $\hat{\boldsymbol{r}} : \hat{\boldsymbol{r}} = 1$ ፥ $\hat{\boldsymbol{r}} : \hat{\boldsymbol{\theta}} = \boldsymbol{0}$ ፥ $\hat{\boldsymbol{\theta}} : \hat{\boldsymbol{\theta}} = 1$ በመጠቀም የሚከተለውን የኃይል እንቅስቃሴ ቀመር እናገኛለን፦

$$T = \frac{1}{2}m\dot{r}^2 + \frac{1}{2}mr^2\omega^2$$

የመጀመሪያው አባል ቀመር በፍጥነ-ፍልሰት ምክንያት የሚመጣ ነው። ኃይል-ፍልሰት ሊባል ይችላል። በሁለተኛው አባል ቀመር የተገለጸው የኃይል እንቅስቃሴ ክፍል በሹረት ምክንያት የሆነ ኃይል እንቅስቃሴ በመሆኑ ኃይል-ሹረት (rotational kinetic energy) ይባላል። አብሮ ያለው mr^2 ፍዘተ-ሹረት ይባላል። ቀመሩ በዐረፍተ ነገር ሲገለጥ ፥ ኃይል እንቅስቃሴ የኃይል-ፍልሰት እና የኃይል-ሹረት ድምር ነው የሚል ይሆናል።

ዐምቅ ኃይል (potential energy ፥ ውክል: V) በአቀማመጥ/አወቃቀር ምክንያት በቁስ አካሉ የተያዘ ኃይል (አቅም ነው።) በቁሱ ያለ የአቅም ተይዞ እንጅ አየተተገበረ

ያይደለ ኃይል ነው። ለምሳሌ አንድን ጥምዝ ሽቦ ስበን
ስንይዘው መጀመሪያ የነበረበትን አቀማመጥ ባዲስ
አቀማመጥ እንቀይረዋለን ፤ ላቀማመጡ የሚያስፈልገውን
የጉተታ (የልጠጣ) መጠን እስከጠበቅን ድረስ ባለበት
ይሆናል ፤ ከለቀቅነው ደግሞ ወደነበረበት ለመመለስ
ይንቀሳቀሳል። በዚህ ሂደት በዐምቅነት ተይዞ የነበረው
ኃይል ፤ በተግባር ወደ እንቅስቃሴ እየተቀየረ ነው ማለት
ነው።

አንድን ቅንጣት ከምድር ገጽ በላይ በ h ከፍታ ላይ ትያዝ።
ቅንጣቲ በአቀማመጧ ምክንያት የያዘችው ኃይል ምን ያህል
ነው? ብለን እንጠይቅ። በቅንጣቲ የተያዘውን ዐምቅ ኃይል
ማግኘት የምንችለው ፤ በገሬ-ነጣች ግደት ተጽዕኖ ሳትሆን
ያለችበትን አቀማመጥ በመቀየር የምትሠራውን ሥራ
በማግኘት ነው። ይች ቅንጣት ካለችበት ቦታ ብትለቀቅ ፤
በምድር ግደ-ስበት ምክንያት ወደ ምድር ማዕከል
ትወድቃልች (የምድር ገጽ እስከሚገታታት ድረስ።) ቅንጣቲ
ይኸን እንቅስቃሴ የምታደርገው በከብደቲ ግደት ተጽእኖ
ነው። የምትጓዘው የምድርን ገጽ እስከምትነካ ካለችበት h
ያህል ዝቅታ ነው። ስለዚህ የምትሠራው ሥራ ከብደቲ
ሲባዛ በፍልሲቲ $V = mgh$ ያህል ነው ማለት ነው። ይህ
ዐምቅ ኃይል የተገኘው ቅንጣቲ በስበት ንፋስ ውስጥ
በመሆኗ ስለሆነ ስበታዊ ዐምቅ ኃይል ሊባል ይችላል።
ሌሎች የተለያዩ ዐይነት ዐምቅ ኃይላት አሉ። ለምሳሌ
የመለጠጥ ዐምቅ ኃይል ፤ የመብላላት ዐምቅ ኃይል ፤
የመብርሄ ዐምቅ ኃይል ፤ የአስኳላ-አተም ዐምቅ ኃይል።

የዐቅበተ ኃይል መርኅ (Principle of energy conservation)

ኃይል አይፈጠርም ፤ አይጠፋም ፤ ከአንድ ዐይነት ወደ ሌላ ዐይነት ይቀያየራል እንጂ። ይህ ዓረፍተ ነገር የዐቅበተ ኃይል መርኅ ይባላል። ይኸ መርኅ በጠፈር ሙሉ ሁሉ ያለ ኃይል ፤ ያዊት ነው የሚል ሐሳብን የያዘ ነው። በአንድ የተነጠለ (ከክልሉ ወደ ውጭ ኃይልን የማያስወጣ ፤ ከውጭም ወደ ውስጡ የማያስገባ) ሥርዓት ውስጥ ያለ ኃይል ያዊት ነው ፤ በጊዜም የተጠበቀ ነው የሚል መርኅ ነው።

አንዲት ቅንጣት በስበት ነፋስ ውስጥ ትሁን። ለምሳሌ ከምድር ገጽ ከፍታ h ላይ ትሁን። ካለችበት ከፍታ ጠብታ ብታካሂድ ፤ በመጀመሪያ ፤ እንቅስቃሴ አልባ በነበረችበት ጊዜ ፤ ቅንጣቷ ያላት ኃይል ሙሉ በሙሉ ዐምቅ ኃይል ነበር። ጠብታ ከጀመረችበት ቅጽበት አንስቶ በተከታታይ በእንቅስቃሴ ምክንያት ኃይለ-እንቅስቃሴ እና ከምድር ገጽ

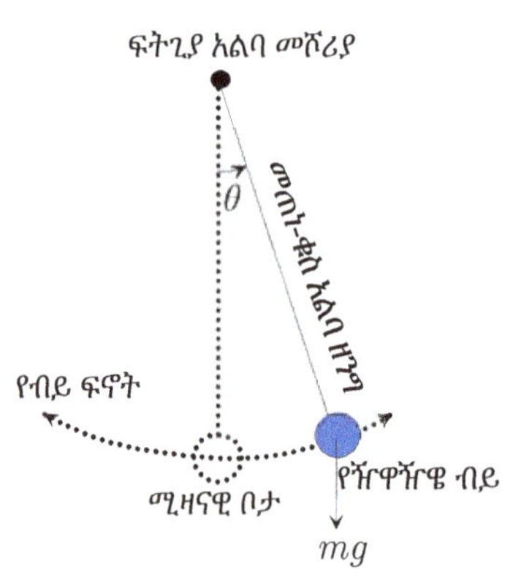

ባላት ርቀት ዐምቅ ኃይል ይኖራታል። ቅንጣቷ ከአየር ጋር የምታደርገውን ፍትጊያ የሚተገብረውን ሥራ ትንሽ በመሆኑ ችላ ብንለው ፤ ሌሎችንም ሁለተኛ ደረጃ ተጽዕኖዎችን ከቁብ ባንቆጥራቸው ፤ ቅንጣቷ በፍኖቷ ሁሉ ያዊት የሆነ

የኃይል-እንቅስቃሴ እና የዐምቅ ኃይል ድምር ይኖራታል፨
ማለትም

$$E = \frac{1}{2}mv^2 + mgz = mgh \text{ ያዊት}$$

z ቅንጣቷ በየትኛውም ጊዜ ከምድር ገጽ ያላት ርቀት ነው፨

ይኸን ሐሳብ ለማዳነስ አንድ የተለመደ ምሳሌ - ስለፔንዱለም (ሹዋሹዋ)-እንመልከት፨

(በይሁንታ) ፍትጊያ አልባ መሸሪያ ያለው የፔንዱለም ሥርዓት እናስብ፨ (በይሁንታ) የፔንዱለሙ ዘንግ መጠነ-ቁስ አልባ ይሁን፨ በዘንጉ ጫፍ ላይ የተንጠለጠለችው ብይ መጠነ-ቁስ m ይኑራት፨ ብዪ ቀጥ አእንደተንጠለጠለች ፤ ሚዛናዊ ቦታ ላይ ትሆናለች፨ በፈቀድነው ጊዜ ከሚዛናዊ ቦታዋ በመነሻ ፍጥነት እንቅስቃሴ እናስጀምራት፨ እንቅስቃሴ ስትጀምር ኃይል-እንቅስቃሴ ብቻ ያላት ብይ ፤ ከብ ፍኖት ተከትላ ወደ ላይ ትወጣለች ፤ በያንዳንዱ ጊዜ ፤ ኃይል-እንቅስቃሴዋን ወደ ዐምቅ ኃይል እያከማቸች

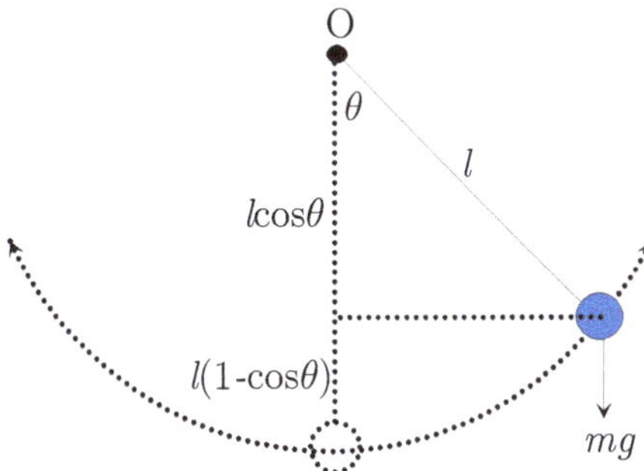

በመጨረሻም በመነሻዋ የነበራትን ኃይል-እንቅስቃሴ ሙሉ ለሙሉ ወደ ዐምቅ ኃይል ስትቀይር ፤ ለቅጽበት እንቅስቃሴ አልባ ትሆናለች ፤ ከዚያም እንደገና ወደታች ፤ ወደ ሚዛናዊ ቦታዋ ፤ ኃይል-ተቸሎቷን ወደ ኃይል እንቅስቃሴ ትቀይራለች፨ ሚዛናዊ ቦታዋ ላይ ዝቅተኛ ዐምቅ ኃይልና ከፍተኛ ኃይል-እንቅስቃሴ ይኖራታል፨ በመቀጠል

ከሚዘናዊው ቦታ ወደግራ ታመራለች ፤ ልክ በቀኝ በኩል እንዳደረገቸው ሁሉ በግራ በኩል ኃይለ-እንቅስቃሴዋን ሁሉ ወደ ዕምቅ ኃይል እስከምትቀይርና ለቀጽበት እንቅስቃሴ አልባ እስከምትሆን ትቀጥላለች። ከዚያም ፤ እንደገና ወደ ሚዛናዊ ቦታ - እንደዚሁ ኸዋኸዌዋን ያለማቋረጥ ትቀጥላለች-በሐሳብ ዓለም ምንም ዐይነት የአየር ተጋትሮት በሌለበት ፤ ምንም ዐይነት ግደ-ፍትጊያ መሸሪያዋ ላይ በሌለበት። በተግባር ይኸ እውን አይደለም ፤ ምንም ያህል ይነስ ፤ ፍትጊያ መሸሪያዋ ላይ ይኖራል ፤ የአየር ተጋትሮም እንዲሁ።

የፔንዱለሙ ዘንግ ርዝመት l ይሁን። ይኸው ዘንግ መጠነ-ቁስ አልባ ይሁን። ብዮ መጠነ-ቁስ m ይኑራት። መሸሪያዋ ፍትጊያ አልባ ይሁን ፤ የአየር ተጋትሮም ፍጹም አይኑር-በሐሳብ ዓለም።

ፔንዱለሙ ከሚዛናዊ ቦታው ወደግራ ወይም ወደቀኝ ያህል ቢፈልስ የፔንዱለም ሥርዓቱ አጠቃላይ የእንቅስቃሴ እና የዕምቅ ኃይል ድምር

$$E = \frac{1}{2}mv^2 + mgl(1 - \cos\theta)$$

ያህል ነው። ይኸ ኃይል የብዮ ፍኖት ላይ ያዌት ነው። $\theta = 0$ ሲሆን ሁሉም ኃይል ኃይለ-እንቅስቃሴ ነው ፤ $v = 0$ ሲሆን ሁሉም ኃይል ዕምቅ ኃይል ነው። በነዚህ ሁለት ጽንፎች መካከል ፤ የብዮ ኃይል የኃይለ-እንቅስቃሴ እና ዕምቅ ኃይል ድምር ነው።

ምዕራፍ ፬: ላግራንዥዊ ፣ ሐሚልተናዊ እና የምጥን ተግባረ-ሐዊስ መርሕ

በምዕራፍ የተመለከትነው ልሙድ የእንቅስቃሴ ሥነስሌትን ነው። ኒውተን የሥነ-እንቅስቃሴ ሕጎቹን ካስተዋወቀበት ጥቂት ምኢተ ዓመታት በኋላ በኒውተን የእንቅስቃሴ ሕጎች መሰረት ላይ የቆሙ ንድፈ ሐሳቦች ቀርበዋል። ብዙ የሳይንስ ሊቆችም የኒውተንን የሥነ-እንቅስቃሴ ሕግጋት ጠለቅ ባለ ዕይታ እና ምጁ በሆነ አቀራረብ ቀምረዋቸዋል። ከነዚህ ውስጥ የላግራንዥ̇ እና የሐሚልተን ሥራዎች እጅግ ጠቃሚ ከሆኑት ወገን ናቸው። የሁለቱ አቀራረቦች የተለያዩ ነገር ግን ተዛማጅ የሆኑ አቀራረቦች ናቸው። ወደሁለቱ አቀራረቦች ከማለፋችን በፊት ፣ ለሐተታችን ምጁ እንዲሆን የዲዓለምበርትን አቀራረብ እንመለከታለን። ምዕራፉ አንባቢውን ለማበረታታት ያህል የሐሳቦቹን ውልብታ ቀንጭቦ ለማቅረብ የታሰበ እንጅ በሙሉ ጥልቀቱ አይደለም።

የዲ'ዓለምበርት መርሕ

የኒውተንን ሁለተኛ ሕግ በመጸፍ እንጀምር ፡

$$F = ma$$

($\mathbf{F}$ ግደት ፤ m መጠነ-ቁስ ፤ $\boldsymbol{a}$ ምንጣቃ)። በቀኝ በኩል ያለው የመጠነ-ቁስ እና የምንጣቃ ብዜት ግደ ፍዘት (force of inertia) ይባላል።

ቀመሩን ምንም ተጨማሪ ነገር ሳያስፈልገን እንደሚከተለው መጻፍ እንችላለን።

$$\mathbf{F} - m\boldsymbol{a} = \mathbf{0} \qquad (1)$$

$m\boldsymbol{a}$ ግደ-ፍዘቱን ይወክላል።

የዲ'ዓለምበርት መርኅን በግርድፉ እንደሚከተለው ነው ፤ በአንድ የእንቅስቃሴ ሥርዓት ላይ ያሉት ገፊ-ጎታች ግደቾች ላይ ግደ-ፍዘት ብንጨምር የእንቅስቃሴ ሥርዓቱን እንደ ነባሪ ሥርዓት መመልከት እና ማተት ነውጤ የእንቅስቃሴ ሁነትን (dynamical system) ወደ ተመጣጣኝ ፅሩፍ (ስክን) ሥርዓት (statical sytem) የመቀየር ዘዴ ነው።። መርሁን ለአንድ ቅንጣት ብቻ ሳይሆን ለፈቀድነው የቅንጣቶች ቁጥር መጠቀም እንችላለን። እስኪ ሐሳቡን እንከተለው።። በቀቁ.(1) የተቀመጠውን የግደት ሚዛን ለብዙ ቅንጣቶች እናስብ፤ በተጨማሪም የእያንዳንዱን ቅንጣት የግደት ሚዛን በቅንጣቲ ኢምንት ምናባዊ ፍልሰት እንበልና $\delta\mathbf{r}_i$ አባዝተን ወደ ሥራ በመቀየር የሁሉንም ቅንጣቶች ሥራ እንደምር (Lanczos, 1970)

$$\sum_{i=1}^{N} (\boldsymbol{F}_i - m_i\boldsymbol{a}_i)\delta\mathbf{r}_i = 0 \text{ ፤} \qquad (2)$$

$$i = 1,2,\dots N \ (i \ \text{የቅንጣቶች ቁጥር})$$

$\delta\mathbf{r}_i$ የቅንጣት i ኢምንት ምናባዊ ፍልሰት (infinitesimal virtual displacement) ነው። ቀቂ.(2)ን በደንብ ስናጤነው የሥራ አሃድ እንዳለው ወዲያውኑ እንረዳለን ፣ ስለዚህም የምናባዊ ሥራ መርንም (virtual work principle) ይባላል። በመቀጠል እንደሚከተለው ሊቀናበር ይችላል። የምናባዊ ሥራ ምርህ የሚለው አንድ ውቅረ-ቁስ ሥርዓት የተደላደለ የሚሆነው በዐረፉበት ግደቶች ሁሉ የሚሠራው ሥራ ጠፍ[21] ከሆነ ብቻ እና ብቻ ነው።

$$\sum_{i=1}^{N} \boldsymbol{F}_i \delta\mathbf{r}_i - \sum_{i=1}^{N} m_i \boldsymbol{a}_i \delta\mathbf{r}_i = 0 \qquad (3)$$

(መጠነ-ቁስ ተለዋዋጭ በሆነበት ሥርዓት ፣ በ$m_i \boldsymbol{a}_i$ ምትክ ፍጥነ-ትመትን $d(m_i\mathbf{v}_i)/dt$ መጠቀም ይገባል።)

የገፈ-ጎታች ግደት ከዕምቅ ኃይል ቅምር (potential energy function) በሚገኝባቸው ሁኔታዎች ማለትም $\delta V = -\sum_{i=1}^{N} \boldsymbol{F}_i \delta r_i$ የዲ'ዓለምበርት መርን እንደሚከተለው ይጻፋል።

$$\delta V + \sum m_i \boldsymbol{a}_i \delta\mathbf{r}_i = 0 \qquad (4)$$

ምናባዊ ፍልሰቶቹ ፣ δr_i ፣ ከገሀዱ ፍልሰት $\delta r_i = \dot{r}_i dt$ ጋር አንድ በሚሆኑበት ሁኔታ ፣ በዚሁ ጊዜ δV ከገሀዱ

---

[21] Vanishes

ዕምቅ ኃይል ልውጠት ጋር አንድ ይሆናል። ምንጠቃውን የፍልሰቱ እጥፍ ፍጥነ-ልውጠት ($\mathbf{a}_i = \ddot{\mathbf{r}}_i$) በመተካት

$$\sum m_i \mathbf{a}_i d\mathbf{r}_i \overset{1}{=} \sum m_i \ddot{\mathbf{r}}_i \dot{\mathbf{r}}_i dt \qquad (5)$$

$$\overset{2}{=} \frac{1}{2}\frac{d}{dt}\sum m_i \dot{\mathbf{r}}_i^2 dt$$

በመቀጠል

$$T = \frac{1}{2}\sum m_i \dot{\mathbf{r}}_i^2 \qquad (6)$$

ኃይለ እንቅስቃሴ መሆኑን እናስታውስ።

በቀዱ.(4) በመተካት $\delta V + dT = 0$ ማለትም $V + T =$ አይለወጤ (ያዊት) እናገኛለን። ይህም ማለት የዕምቅ ኃይል እና የኃይለ እንቅስቃሴ ድምር (ግደ-ፍትጊያን (friction forces) ሳንጨምር) በእንቅስቃሴ ወቅት አይቀየርም የሚለውን የዕቅበተ ኃይልን ሕግ (conservation laws) አገኛን ማለት ነው። በመጀመሪያ ዕይታ ሁሌም $\delta \mathbf{r}_i$ን በ$d\mathbf{r}_i$ በመተካት (መግለጽ) እንደሚቻል ልናስብ እንችላለን። ነገር ግን ይህ ሁልጊዜ እውን ላይሆን ይችላል። በነጻ ቅንጣቶች የሚሠራ ቢሆንም በገቱል[22] የእንቅስቃሴ ሥርዓት (constrained systems) ላይ እውን ላይሆን የሚችልባቸው ሁኔታዎች አሉ። ይህ ሂስ

---

[22] እክል -constraint

ለኃይለ እንቅስቃሴ (T) ብቻ ሳይሆን ለዕምቅ ኃይል ቅምሩ (V) ተገቢነት አለው። ዕምቅ ኃይሉ የቀስቶ ሥፍራ $(q_i$ position vector) ብቻ ቅምር ሲሆን ፤ $\delta q_i = dq_i$ ፤ $\delta V = dV$ ወደሚለው እኩልዮሽ እንደርሳለን። ነገር ግን ዕምቅ ኃይል በግላጭ በጊዜ ላይ ጥገኛ ከሆነ ይህ ድርሰት እውን አይሆንም።

የዲዓለምበርት መርህ ባጭሩ በገ-ነታች ግደት እና በግደ ፍዘት ድምር የሚሠራ ምናባዊ ሥራ አልቦ ነው የሚል ነው። በገ-ነታች (ምናባዊ) ሥራዎች d-ልውጠት ስሌት ሊደረግባቸው የሚችሉ ፤ ከአንድ ቅምር (የሥራ ቅምር- work function) መገኘት የሚችሉ ሲሆን ፤ በግደ-ፍዘት የሚሠሩ (ምናባዊ) ሥራዎች ግን ከአንድ ቅምር መገኘት አይችሉም። ይህን ተግዳሮት መፍታት ኃልዮዋዊም ፤ ተግባራዊም ጥቅም ያለው ነው። የዲዓለምበርትን መርህ አመቺነት ባለው ቅርጽ ያበለጸገው ሐሚልተን ነው።

ላግራንዣዊ

የሐሚልተን አቀራረብ እንዲህ ነው። በግደ-ፍዘት የተሠራውን ሥራ የጊዜ **አልዶት** በመተግበር ከአንድ ቅምር የሚገኝ ቅርጽ እንዲኖረው አድርጓል። ይህን ሐሳብ እንደሚከተለው እናቅርበው (Lanczos, 1970)። ምናባዊውን ሥራ (δw^e) በኢመንት የጊዜ ጭማሪ (dt) በማባዛት ከመነሻ ጊዜ እስከ መድረሻ ጊዜ ድረስ አልዶት እንተግብር። ማለትም

$$\int_{t_1}^{t_2} \delta w^e \, dt \qquad (7)$$

$$= \int_{t_1}^{t_2} \left(\boldsymbol{F}_i - \frac{d}{dt}(m_i \mathbf{v}_i) \right) \delta \mathbf{r}_i \, dt$$

በቀኝ በኩል ያለውን አልጀት ወደ ሁለት አባላት ቀመር እንዘረዝረዋለን። የመጀመሪያው አባል ቀመር የሚከተለው ይሆናል

$$\int_{t_1}^{t_2} \boldsymbol{F}_i \delta \mathbf{r}_i \, dt = - \int_{t_1}^{t_2} \delta V \, dt$$
$$= -\delta \int_{t_1}^{t_2} V \, dt \qquad (8)$$

(እዚህ ላይ የሥራው ቅምር በቶሎታ ላይ ጥገኛ አይደለም ብለን በማሰብ $\delta V = -\sum \boldsymbol{F}_i \delta r_i$ ን ተጠቅመናል።) ሁለተኛው አባለቀመር ላይ በከፊላ የአልጀት ስልት (integration by parts) እንጠቀማለን። በመሆኑም

$$-\int_{t_1}^{t_2} \frac{d}{dt}(m_i \boldsymbol{v}_i) \delta \mathbf{r}_i \, dt$$
$$= -\int_{t_1}^{t_2} \frac{d}{dt}(m_i \boldsymbol{v}_i \delta \mathbf{r}_i) \, dt \qquad (9)$$
$$+ \int_{t_1}^{t_2} m_i \boldsymbol{v}_i \frac{d}{dt}(\delta \mathbf{r}_i) \, dt$$

የዚህ ድምር የመጀመሪያ አባል dt —አልጀት ሊተገበርበት የሚቻል (integratable) በመሆኑ

$-[m_i \boldsymbol{v}_i \delta \boldsymbol{r}_i]_{t_1}^{t_2}$ እናገኛለን። በመቀጠልም ሁለተኛውን

የδ-ልውጠት   እና   የd-ልውጠት   ተቀያያሪነት

(interchangeability) ጸባይ በመጠቀም ($\frac{\mathrm{d}}{\mathrm{d}t}(\delta \boldsymbol{r}_i) =$

$\delta(\frac{\mathrm{d}\boldsymbol{r}_i}{\mathrm{d}t}) = \delta \mathbf{v}_i$) እንደሚከተለው መጻፍ ይቻላል።

$$\int_{t_1}^{t_2} m_i \boldsymbol{v}_i \frac{\mathrm{d}}{\mathrm{d}t}(\delta \mathbf{r}_i)\mathrm{d}t \qquad (10)$$

$$= \frac{1}{2}\int_{t_1}^{t_2} m_i \delta(\boldsymbol{v}_i \cdot \boldsymbol{v}_i)\mathrm{d}t$$

$$= \frac{1}{2}\delta \int_{t_1}^{t_2} m_i \boldsymbol{v}_i^2 \mathrm{d}t$$

የሁሉንም ቅንጣቶች አስተዋጽኦ በመደመር

$$\int_{t_1}^{t_2} \delta w^e \mathrm{d}t = \frac{1}{2}\delta \int_{t_1}^{t_2} \sum m_i \boldsymbol{v}_i^2 \mathrm{d}t \qquad (11)$$

$$- \delta \int_{t_1}^{t_2} V \mathrm{d}t$$

$$- [\sum m_i \boldsymbol{v}_i \delta \mathbf{r}_i]_{t_1}^{t_2}$$

$$= 0$$

እናገኛለን። በመቀጠል የጋይል እንቅስቃሴ ($T = \frac{1}{2}\sum m_i \boldsymbol{v}_i^2$) እና የዕምቅ ኃይል ($V$) ልዩነት በ$L = T - V$ በመተካት የሚከተለውን እናገኛለን።

$$\int_{t_1}^{t_2} \delta w^e \mathrm{d}t = \delta \int_{t_1}^{t_2} L \mathrm{d}t \tag{12}$$

$$- \left[\sum m_i \boldsymbol{v}_i \delta \mathbf{r}_i\right]_{t_1}^{t_2}$$

$$= 0$$

L በሥነ-እንቅስቃሴ ጥናት በጣም መሰረታዊ የሆነ ቅምር ነው፡፡ በብዙ ጸሐፍትም ላግራንዢዋ ቅምር ይባላል፡፡ በመቀጠል $\mathbf{r}_i$ በ t_1 እና t_2 ነባሪ (አይለዋወጡ) ናቸው ፣ ማለትም $\delta \boldsymbol{r}_i(t_1) = 0$ ፣ $\delta \mathbf{r}_i(t_2) = 0$ ይሁን ካልን $\left[\sum m_i \boldsymbol{v}_i \delta r_i\right]_{t_1}^{t_2} = 0$ እናገኛለን፡፡   ይህ   ይሁንታ ወደሚከተለው ይወስደናል

$$\int_{t_1}^{t_2} \delta w^e \mathrm{d}t = \delta \int_{t_1}^{t_2} L \mathrm{d}t = 0 \tag{13}$$

በቃኝ በኩል ከd-ልፎነት በኋላ ያለው አልዶት— dt የፊዚካ ምሁራን Action ይሉታል፡፡ ለስያሜው ተግባረ-ሐዊስ[23] የሚመጥነው ይመስለኛል፡፡

$$\text{ተግባረ} - \text{ሐዊስ}\ (A) = \int_{t_1}^{t_2} L \mathrm{d}t \tag{14}$$

በቀ፟ቁ.(13) የምናየው ውጤት መሰረታዊ እና ጠቃሚ ውጤት ነው፡፡ δ-ለውጡ አልቦ ነው ($\delta A = 0$) ይላል፡፡ ይህ መርህ የሐሚልተን መርህ ፣ የምጥን ተግባረ-ሐዊስ

---

[23] ሐዊስ / መፍጠን ፣ መቀልጠፍ ፣ መቸኮል፡፡ … መነቅነቅ መናጥ ማናወጥ ማንቀሳቀስ ራስን ሕዋስን ኪ.ኪ. በሐዊስ ፈንታም ከስ ልንጠቀም እንችላለን፡፡

መርኅ ፡ ቅልጥፍና ፡ የተግባረ – ሐዊስ ዝቅታ መርኅ[24] በመባል ይታወቃል። መርሁ አንድን ፍኖተ-እንቅስቃሴ ለመወሰን የሚጠቅም ነው። ሌላ ለማስታወስ የምንፈቅደው ነጥብ ከላይ ያገኘነው ውጤት የተገኘው በ $\delta r_i(t_1) = 0$ ፡ $\delta r_i(t_2) = 0$ ይሁንታ ስለሆነ ፍኖተ እንቅስቃሴውን ስንፈልግ በሁለቱ ጊዜዎች ላይ ያለውን r_i ነባሬ (fixed) አድርገን በማህል ያለውን የእንቅስቃሴ ፍኖት ፡ ተግባረ-ሐዊሱን ነባሬ (የማይለዋወጥ) እንዲያደርገው በማድረግ መፍኖት ነው።

ጥቂት ቅንጣቶችን የያዘ ኀውተናዊ (በኀውተን የእንቅስቃሴ ሕግጋት የሚመሩ) ሥርዓት ፡ ሥርዓተ ውቅር (configuration space) እናስብ። ቅንጣቶቹ በኀውተን የእንቅስቃሴ ሕጎች ገዢነት ይንቀሳቀሱ። በሥርዓተ-ውቅሩ ያሉ ቅንጣቶችን አቀማመጥ እና ቶሎታ የምንወስንበት የቅንብር-ሥርዓት ይኑረን። በቅንብር ሥርዓቱ ውስጥ ፡ የእያንዳንዱ ቅንጣት አቀማመጥ በቦታ የቅንብር ሥርዓት ውስጥ በq^1 ፡ ... ፡ q^N ይወከሉ። እንዚህ የቅንብር ልኬቶች ጠቅላይ-ሥፍራዊ የቅንብር ልኬቶች[25] (generalized coordinates) ይባላሉ። በጠቃላይ-የቦታ ቅንብር ልኬቶች ላይ በመመርኮዝም ጠቅላይ-ቶሎታዎችን (generalized

---

[24] Hamilton's principle, stationary action principle, minimum action principle)

[25] ጠቅላይ ስንል ማንኛውንም ዐይነት የቅንብር ሥርዓት የሚያጠቃልል ለማለት ነው። ከካርተሳዊ የቅንብር ውጭ ያሉ ፡ ለምሳሌ ሉላዊ እና አምዳዊ ዐይነት የቅንብር ሥርዓትን እንደፈቀድን ማካተት ስለምንችል ነው።

velocity) - $\dot{q}^1$ ፤ ... ፤ $\dot{q}^N$-ማግኘት ይቻላል። በውክሎቹ አናት ላይ የተደረገው ነቁጥ ፍጥነ-ልውጠትን የሚወክል ነው (ፔንሮሴ, 2004)። ስለዚህ

$$\dot{q}^1 = \frac{dq^1}{dt} ፤ \ ... \ ፤ \dot{q}^N = \frac{dq^N}{dt} \qquad (15)$$

ላግራንዝዊ ቅምር L በጠቅላይ-ቦታ ቅንብር ልኬቶች እና በጠቅላይ-ፍሎታዎች ላይ እንደሚከተለው ይመሰረታል[26]።

$$L = L(q^1 ፤ ... ፤ q^N ፤ \dot{q}^1 ፤ ... ፤ \dot{q}^N ፤ t) \qquad (16)$$

በዚህ ቅምር ውስጥ እያንዳንዱ $\dot{q}^r$ ነጻ መለውጥ ነው፤ ማለትም በq^r ላይ ጥገኛ ያልሆነ ነው። ሙሉውን የነዉተን ሕግጋት የያዘ ቀምር የተግባረ-ሐዊሱን δ-ልዩነት አልቦ በማድረግ $(\delta A = 0)$ እንደሚከተለው ይቀመጣል

$$\frac{d}{dt}\frac{\partial L}{\partial \dot{q}^r} = \frac{\partial L}{\partial q^r} ፤ (r = 1 ፤ ... ፤ N) \qquad (17)$$

ይህ የኦይለር-ላግራንዥ እኩልዮሽ ይባላል። ከላይ እንደገለጽነው የሐሚልተን መርጎ በመባልም ይታወቃል። ሐሳቡን (ቀመሩን ለመረዳት) የሚከተለውን ምሳሌ እንመልከት። እንበልና ቅንጣት Q በሥርዓተ ውቅር (configuration space) C ውስጥ አንድ የጉዞ ፍኖት በመከተል ትጓዝ። በየትኛውም ጊዜ ያለው የቦታ ቅንብር ልኬት q^r ተብሎ ይሰየም። ለፍኖቱ ታካኪ (tangent)

---

^[26] በተለምዶ አገላለጽ ፤ ላግራንጃዊ ከእንቅስቃሴ ኃይል (K) ላይ ዐምቅ ኃይል (V) ሲቀነስ-$L = K - V$ ነው። ስለዚህ የኃይል አሃድ አለው።

የሆነው አቅጣጫ በq^r ዕሴቶች ላይ ይመሠረት። በጉዞው ፍኖት ላይ ባሉ ሁለት ነጥቦች መካከል በጊዜ ጭማሪ (time increment) የሚደረግ አልዶት ተግባረ-ሐዊሱ ነው። በሁለት ነጥቦች መካከል ብዙ የጉዞ ፍኖቶች ቢኖሩም ፣ የኦይለር-ላግራንዥ እኩልዮሽ የሚያጠይቀው ፣ የቅንጣቲ ተመራጭ የጉዞ ፍኖት ተግባረ-ሐዊሱን ዝቅ የሚያደርገው ፍኖት ነው።

ስለላግራንዥዊ የተሰጠውን ገለጻ ለማዳጎስ አንድ ቀላል ላግራንዥዊ ቅምር እንመልከት። አንዲት ለነዉተን የእንቅስቃሴ ሕግጋት ተገዥ የሆነች ቅንጣት እናስብ። ቅንጣቲ መጠነ-ቁስ m ይኑራት። ይች ቅንጣት በማይለዋወጥ ውጫዊ ግደት (external field)- ለምሳሌ በምድር ስበት ተጽዕኖ ስር ትሁን። በምድር ስበት ምክንያት ቅንጣቲ ላይ የሚኖረው ዕምቅ ኃይል ከቅንጣቲ መጠነ-ቁስ (m) ፣ ከምድር የስበት ምንጠቃ (g) እና ከቅንጣቲ ከምድር ገጽ በላይ ከፍታ (እንብልና z) ጋር በቀመር $V = mgz$ ይዘመዳል። ቅንጣቲ በፍሎታ v ብትንቀሳቀስ ኃይለ-እንቅስቃሴዋ በ$T = \frac{1}{2}mv^2$ ቀመር ይገኛል። ስለዚህም የሥርዓቱ ላግራንዥዊ

$$L = \frac{1}{2}m(\dot{x}^2 + \dot{y}^2 + \dot{z}^2) - mgz \quad (18)$$

ይሆናል። እዚህ ላይ $v^2 = \dot{x}^2 + \dot{y}^2 + \dot{z}^2$ መሆኑን ማስታወስ ያስፈልጋል። የኦይለር-ላግራንጅ እኩልዮሽ የሚከተለውን ዝምድና በመጠቀም

$$\frac{\mathrm{d}}{\mathrm{d}t}\frac{\partial L}{\partial \dot{z}} = m\ddot{z} = -mg \qquad (19)$$

እናገኛለን። በዕጥፍ ነቁጥ $(\cdot\cdot)$ የተመለከተው $\ddot{z}$ በz የቅንብር ልኬት እጥፍ ፍጥነ ለውጥ ለማመልከት ነው ማለትም $\ddot{z} = d^2z/dt^2$ነው። ይህ በz አቅጣጫ የሆነ ምንጥቃ ነው። በቀዱ.(18) ለተመለከተው ላግራንጅዊ የዚህ ምንጣቃ መጠን ከምድር የስበት ምንጠቃ ጋር እኩል ነው። $\frac{\partial L}{\partial \dot{z}}$ የሥርዓቱ ትመት ነው።

ሐሚልተናዊ

የሐሚልተን አቀራርብ ፤ በጠቅላይ ቶሎታ ምትክ ፤ <u>ጠቃላይ-ትመት</u> (generalized momentum) $p^r = \frac{\partial L}{\partial \dot{q}^r}$ በመጠቀም ነው (ፔንሮሴ, 2004)።

ከላግራንጅዊ ወደ ሐሚልተናዊ ለመሄድ ላግርኛዝዊ ቅምር ውስጥ ባለው ጠቅላይ-ቶሎታ $(\dot{q}^r)$ ፈንታ ጠቅላይ-ትመትን $(p^r = \frac{\partial L}{\partial \dot{q}^r})$ እንደ ነጻ-መለውጥ እንጠቀማለን። ማለትም የሥርዓቱ ሐሚልተናዊ

$$H = H(p^1\text{፤}\dots\text{፤}p^N\text{፤}q^1\text{፤}\dots\text{፤}q^N\text{፤}t) \qquad (20)$$

ይሆናል ማለት ነው። $p^1\text{፤}\dots\text{፤}p^N$ ሥርዓት ውቅሩ ያሉ የእያንዳንዱ ቅንጣት ትመት ተለዋጮ ነው። ጠቅላይ *ትመት* ይባላል። $q^1\text{ ፤}\dots\text{ ፤}q^N$የጠቅላይ −ቦታ ቅንብር ልኬቶች ናቸው። ላግራንጅዊው ላይ የሌጌንድሬ መስተዛምድ (አንተነህ ብሩ, 2024b) በመተግበር ሐሚልተናዊ

አቀራረብ ከላግራንዣዊ አቀራረብ ጋር እንደሚከተለው ይዛመዳል፦

$$H = \dot{q}^r \frac{\partial L}{\partial \dot{q}^r} - L \qquad (21)$$

በመቀጠል ፣ ሐሚልተናዊውን ፣ ሙሉ ለሙሉ በ$H = H(p, q, t)$ ለመግለጽ ፣ ጠቅላይ-ቦሎታ $(\dot{q}^r)$ የትመት (p) ፣ የቦታ ልኬት (q) እና የጊዜ (t) ቅምር ሆኖ መገለጽ ይኖርበታል፡፡ የላግራንዣዊው ከቦሎታ አንጻር ያለው ዕጥፍ ከፊል ልውጠት $(\frac{\partial^2 L}{\partial \dot{q}_i \partial \dot{q}_j})^{27}$ ንጥል ያልሆነ ዐሪክ (non-singular matrix) ከሆነ ፣ ቦሎታው የትመት (p) ፣ የቦታ ልኬት (q) እና የጊዜ (t) ቅምር ሆኖ መገለጽ ይችላል፡፡ በመቀጠል የሐሚልተናዊውን d-ልዩነት እንመከልት፡፡

$$dH = d\dot{q}^r p_r + \dot{q}^r dp_r - dL \;\text{፣}$$
$$dL = \frac{\partial L}{\partial q} dq + \frac{\partial L}{\partial \dot{q}} d\dot{q} + \frac{\partial L}{\partial t} dt \qquad (22)$$

በመተካት የሚሳ፟ፉ አባላት ቀመሮችን $(d\dot{q}^r p_r - \frac{\partial L}{\partial \dot{q}} d\dot{q} = 0)$ በማጣጣፋት የሚከተለውን እናገኛለን፡፡

$$dH = \dot{q}^r dp_r - \frac{\partial L}{\partial q} dq - \frac{\partial L}{\partial t} dt \qquad (23)$$

---

^{27} $\frac{\partial^2 L}{\partial \dot{q}_i \partial \dot{q}_j}$ ሄሲያዊ ዐሪክ ይባላል፡፡

ያገኘነው የሐሚልተናዊ d-ልዩነት (dH) ከሚከተለው ጋር እኩል መሆን አለበት፡፡

$$dH = \frac{\partial H}{\partial q}\,dq + \frac{\partial H}{\partial p}\,dp + \frac{\partial H}{\partial t}\,dt \quad (24)$$

ቀቀ.(23) እና (24) በማመሳከር

$$\dot{q} = \frac{\partial H}{\partial p}\ \text{፣}\ \dot{p} = \frac{\partial H}{\partial q}$$

$$\frac{\partial L}{\partial q} = -\frac{\partial H}{\partial q}\ \text{፣}\ \frac{\partial L}{\partial t} = -\frac{\partial H}{\partial t} \quad (25)$$

እናገኛለን፡፡ እነዚህ የእኩልዮሽ ስብስቦች ከአይለር ላግራንጂ እኩልዮሽ አንጻር የተሻለ ምን ጠቀሜታ አላቸው? እነዚህ የእኩልዮሽ ስብስቦች በግላጭ (explicitly) የመጀመሪያ ዐርከን (first order) እኩልዮሽ ናቸው፡፡ ብዙ ተጨማሪ ጠቀሜታም አላቸው፡፡ ሐሚልተናዊው በግላጭ የጊዜ ቅምር ካልሆነ ፣ ማለትም $H = H(p, q)$ ከሆነ እንበልና ራስ-ገዝ [28](autonomous) ከሆነ የሚከተለውን እናገኛለን፡፡

---

[28]በሒሳባዊ አረዳድ ራስ ገዝ (autonomous) ሥርዓት ወይም ራስ ገዝ ለውጣዊ እኩልዮሽ (autonomous differential equation) መደበኛ ለውጣዊ እኩልዮሽ (ordinary differential equation) ሲሆን በታሳቢው ነጻ ውክል በግላጭ ጥገኛ ያልሆነ ማለት ነው፡፡ ያስብነው ውክል ጊዜ ከሆነ አንዳንድ ጊዜ በጊዜ አይለወጤም (time invariant) ይባላል፡፡

$$\frac{\mathrm{d}H}{\mathrm{d}t} = \frac{\partial H}{\partial q}\dot{q} + \frac{\partial H}{\partial p}\dot{p}$$

$$= \frac{\partial H}{\partial q}\frac{\partial H}{\partial p} - \frac{\partial H}{\partial p}\frac{\partial H}{\partial q} \quad (26)$$

$$= 0$$

ይህ ውጤት የሚያሳየን ሐሚልተናዊ በጊዜ ላይ በግላጭ ጥገኛ ካልሆነ የእንቅስቃሴ ሥርዓቱ ሐሚልተናዊ አይለወጤ መሆኑን ነው።

እንበልና በእንቅስቃሴው ሥርዓቱ ላይ አይለወጤ የሆነ ቅምር $F(q, p, t)$ ይኑረን። ይህ ቅምር የሚከተለውን ካሟላ ብቻ ነው የሥርዓቱ አይለወጤ የሚሆነው።

$$\frac{\mathrm{d}F}{\mathrm{d}t} = \sum_{r=1}^{N}\left(\frac{\partial F}{\partial q^r}\frac{\partial H}{\partial p^r} - \frac{\partial F}{\partial p^r}\frac{\partial H}{\partial q^r}\right)$$
$$+ \frac{\partial F}{\partial t} = 0 \quad (27)$$

እንደሚከተለው ባጭሩ መጻፍ ይቻላል።

$$\frac{\mathrm{d}F}{\mathrm{d}t} = \{F, H\} + \frac{\partial F}{\partial t} = 0 \qquad (28)$$

$\{F, H\} = \sum_{r=1}^{N}\left(\frac{\partial F}{\partial q^r}\frac{\partial H}{\partial p^r} - \frac{\partial F}{\partial p^r}\frac{\partial H}{\partial q^r}\right)$ የፖይሶን

ቅንፍ ይባላል[29]።

---

[29]የፖይሶን ቅንፍ የሚከተሉት ጸባያት አሉት። $\{A, B\} = -\{B, A\}$ ፤ $\{A + B, C\} = \{A, C\} + \{B, C\}$ ፤ $\{A, BC\} =$

ላግራንግዛዊን ለማስረዳት የተጠቀምናትን በምድር ስበታዊ
ነፋስ ውስጥ የምትንከላወስ ቅንጣት አሁን ደግሞ
በሐሚልተናዊ አቀራረብ እንያት።

$$H = \dot{q}^r p_r - L = mv^2$$
$$- (\frac{1}{2}mv^2$$
$$- mgz) \qquad (29)$$
$$= \frac{1}{2}mv^2 + mgz$$

መጠነ ቶሎታውን በመጠነ ትመት አማካኝነት በመግለጽ
ሐሚልተናዊው የሚከተለው ቅርጽ ሊሰጠው ይችላል።

$$H = \frac{p_x^2 + p_y^2 + p_z^2}{2m} + mgz \qquad (30)$$

የእንቅስቃሴ ሥርዓቱ ሐሚለተናዊ አይለወጤ ሲሆን
የሚሰጠን የቅንጣቷን ጠቅላላ ኃይል ነው።

$$B\{A, C\} + \{A, B\}C \i \{A, \{B, C\}\} + \{B, \{C, A\}\} +$$
$$\{C, \{A, B\}\} = 0$$

Aristotle Aristotle - Works. Translated under the editorship of W. D. Ross [Bok]. - [s.l.] :   https://www.holybooks.com/wp-content/uploads/The-Complete-Aristotle.pdf.

Descartes R. Principles of philosophy [Bok]. - Amsterdam : [s.n.], 1656.

Einstein A. On the electrodynamics of moving bodies [Tidsskrift] // Annalen der Physik. - 1905. - 891 : Vol. 17.

Lanczos C. The variational principles of mechanics [Bok]. - [s.l.] : Dover Publications, Inc. , 1970. - 4.

Leibniz G.W. Die Philosophischen Schriften von G. W. Leibniz [Bok]. - Germany : [s.n.], 1962.

Minkowski H. Raum und Zeit (Space and Time)- translated by Saha // Jahresbericht der Deutschen Mathematiker-Vereinigung. - [s.l.] : A Lecture delivered before the Naturforscher Versammlung (Congress of Natural Philosophers) at Cologne — (21st September, 1908)., 1909.

Sengupta P. C. Surya-Siddhanta: A Text Book of Hindu Astronomy translated by Ebenezer Burgess, ed. Phanindralal Gangooly [Bok]. - 1935.

The Timeaus of Plato. Edited with introduction and notes [Bok]. - [s.l.] : R. D. ARCHER-HIND (eds.), ፲፰የ፹፬.

ሐውኪንግ ስቴፈን Standing on the shoulder of giants [Bok]. - ኧየ፮.

ሐውኪንግ ስቴፈን The brief history of time [Bok]. - ፲ሀየ፹፬.

ሄዝ ቶማስ ሊትል The works of Archimedes [Bok]. - [s.l.] : Cambridge University Press, ፲፱፻፺፯.

ኒዉተን ይስሐቅ Philosophiæ naturalis principia mathematica [Bok]. - ፲፮፻፹፯.

አሪስጣጣሊስ The Complete Works of Aristotle, Princeton [Bok]. - [s.l.] : NJ: Princeton University Press, 384–322 ዓዓ ፤ ፲፱፻፹፬ ዓም የታተመ.

አንተነህ ብሩ ፀጋዬ ሥነቁጥር ወ ሥነሥፍራ ዘየከሊድ [Bok]. - 2024a.

አንተነህ ብሩ ፀጋዬ የቅምሮች እና የቀስቶ ሥፍሮች ሥነ-ስሌት [Bok]. - 2024b.

ካንት ኢማኑኤል Critique of Pure Reason [Bok]. - ፲፯፻፹፮.

ከፍሌ ኪዳነወልድ መጽሐፈ ስዋስው ወግስ ፤ ወመዝገበ ቃላት ሐዲስ [Bok]. - ፳ ወ ፳ ዓመተ መንግሥቱ ለቀዳማዊ ኃይለ ሥላሴ ንጉሠ ነገሥት ዘኢትዮጵያ.

ዴስካርተስ ሬኔ Principia philosophiae [Bok]. - ፲፮፻፵፬.

ጋሊሊዮ ጋሊሊ Dialogue Concerning the Two Chief World Systems [Del av bok] // On the Shoulder of Giants / bokforf. ስቴፈን ሐውኪንግ፣ . - 1632.

ፔንሮሴ ሮጀር The Road to Reality: A Complete Guide to the Laws of the Universe [Bok]. - 2004.

ውድ አንባቢ ፤ እነሆ በዚች አጭር መጽሐፍ ቀደምት የእንቅስቃሴ ሐተታዎችን ፤ ነውተናዊ ሥነ እንቅስቃሴን እና ተያያዥ ሒሳባዊ ትንተናዎችን ዐይተናል። መስኩን ቀንጨብ አድርገን ተመልከተነው እንጅ በሥፋት አልገባንበትም። የመጽሐፉ ዐላማ በዋነኝነት በዘርፉ ለሚሠሩ ምሁራን ምሳሌ እንዲሆን እና ለመስኩ ሊያገለግሉ የሚችሉ ቁልፍ የአማርኛ ቃላትን ማቅረብ ነው። ይዘቱን በሰፊው መዳሰሥን በዘርፉ ለሰለጠኑ ኢትዮጵያውያን አደራ እያልኩ የሚከተለውን መልዕክት ለማስተላለፍ እወዳለሁ።

- <u>ለታዳጊዎች</u>። ፊዚካ (የቁስ እና ቁሳዊ ነፋሳት ጥናት) ጠቃሚ ከሆኑት ዘመናዊ የሳይንስ ዘርፎች መካከል ነው። በዘርፉ ላይ በአማርኛ የተጻፉ መጻሕፍት እጅግ ውሱን ናቸው። በእንግሊዝኛ ቋንቋ ግን ብዙ ይገኛሉ። በዚች አነስተኛ መጽሐፍ ውስጥ ያለቸው እንደመነሻ ትጠቀማችኋለች ብዬ አስባለሁ።

- <u>ለቋንቋ ምሁራን</u>። በዚች መጽሐፍ ውስጥ የተካተቱት ቃላት ብዙ ታስበባቸው ፤ ይዘታቸው ለተደራሲው ዐይነ ኅሊና ክሱት እንዲሆን ታስበው የተመረጡ ናቸው። በጊዜ መጣበብ ምክንያት የቃላት መፍቻ አላዘጋጀሁም። ይኽን ለማዘጋጀት ፍላጎቱ እና ጊዜው ቢኖራችሁ አብሬያችሁ ለመሥራት ሙሉ ፈቃደኛ ነኝ።

- <u>ለአስተማሪዎች እና የሒሳብ ምሁራን</u>፦ ይች መጽሐፍ በፊታችሁ ከተንጣለለው የፊዚካ ዕውቀት እጅግ ትንሹን የያዘች ናት። እናንተ አብዝታችሁ እንድትሠሩበት አደራ እላለሁ። የምታስተምሯቸውን ተማሪዎች ስለይዘቱ በአማርኛ ቋንቋ ብትገልጹላቸው ለመገንዘብ ይቀላቸዋል።

- <u>የትምሕርት ይዘት ቀረጻን የምታከናውኑ ባለሞያዎች</u>፦ የተለያዩ የትምሕርት ዘርፎችን በተለይም በዝቅተኛ የትምሕርት ደረጃዎች በሀገራችን ቋንቋዎች ለመስጠት የታሰበ መልካም ሐሳብ አለ። ነገር ግን የማስተማሪያ መጻሕፍት ሲዘጋጁ በእኔ ግምት በውል ስለማይታሰብባቸው የሚመረጡት ቃላት በተማሪው ሐሳብ ውስጥ ፍሬ ያለው ነገር አይዘሙ። ከማስተማሪያ መጻሕፍት ዝግጅት አስቀድሞ በተለያዩ ዘርፎች ያሉ ምሁራን በየዘርፋቸው ያለን ዕውቀት በአማርኛ እንዲተረጉሙ መወጠር እና ከነዚያ ውስጥ ምቹ የሆኑ ቃላትን በመምረጥ ለማስተማሪያ መጻሕፍት እና ለቃላት መፍቻ መጻሕፍት ዝግጅት እንዲውሉ ማድረግ ይቻላል።

- <u>ለሀገራችን ምሁራን</u>፦ ብዙዎቻችን አውሮፓ አሜጣሹን ዘመናዊ ትምህርት ቀስመን እስከ ፍልስፍና ማዕረግ ድረስ ደርሰናል ፤ የመመረቂያ ጽሑፎችን ፤ የምርምር ሥራዎችን አሳትመናል። ከሥራዎቻችን የተወሰኑትን እያመረጥን ወደ አማርኛ ቋንቋ ብንተረጉማቸው ለሀገራችን የትምሕርትና የሥነዘዴ ዕድገት አስተዋጽኦ እናደርጋለን።

- <u>ሳይንሳዊ ዕውቀትን ለምትተረጉሙ ጸሓፍት፦</u> በራሳችሁ ተነሳሽነት ይኸን ሥራ የምትሠሩ ጸሓፍት ልትመሰገኑ ይገባል። አንዲት ነገርን ማለት ግን እፈልጋለሁ ፤ የምትጽፉትን ከሥረመሰረቱ መርምሩ። ቢቻላችሁ ከትርጉም ትርጉም ሳይሆን የዕውቀቱን አመንጭዎች ሥራ መርምሩ። የአንስታይንን ከአንስታይን ፤ የኒውተንን ከኒውተን። ጽሑፋችሁ አጋኖ ባይበዛው ይመረጣል። በውል ያልመረመራችሁትን በይሆናል ፤ ወይም ተጽፎ ስላገኛችሁት ብቻ ለተደራሲያቾችሁ አታቅርቡ።

- <u>ለቤተክርስቲያን ሊቃውንት።</u> የሀገራችን ትምሕርት ለዘመናት የቆመው ቀደምት አባቶቻችን ባቆሙት የቤተክርስቲያን ትምሕርት ነው። በቋንቋ ፤ በዜማ ፤ በሃይኖታዊ ትምሕርቱ ላይ የሒሳብ ፤ የቅመማ ፤ የሥነሕንጻ ፤ የሥነፈለክ ፤ የታሪክ ፤ የፍልስፍና ወንበሮች ተጨምረው (ካሉም ተጠናክረው) ቢቀጥል ፤ ከአስኳላ ትምሕርት በእጁ በበለጠ ለሀገራችን ችግሮች መፍትሔዎችን ያስገኛል የሚል እምነት አለኝ።